Entrando no Clima

Maju Coutinho

Entrando no Clima

CHUVA, CHUVICA,
CHUVARADA
E OUTRAS
METEOROLOGICES

Planeta

Consultor de meteorologia: Mauro Neutzling Lehn

Preparação: Ana Tereza Clemente
Revisão: Carla Fortino e Luiz Pereira
Diagramação: Maurélio Barbosa | designioseditoriais.com.br
Pesquisa iconográfica: Daniela Chahin Barauna
Ilustrações: Daniel Guimarães
Imagens de miolo: 123RF, Shutterstock, Fotoarena, National Maritime Museum – Greenwich, Getty Images, coleção particular (última imagem pág. 24), Latinstock, NASA
Foto de capa: Renato Parada
Beleza: Robson Jovino
Figurino: Rebeca Yumi Aoki
Assistente de figurino: Adriana Melo
Marca: Max Mara e Swarovski

CIP-BRASIL. CATALOGAÇÃO NA PUBLICAÇÃO
SINDICATO NACIONAL DOS EDITORES DE LIVROS, RJ

C895e

Coutinho, Maria Julia
Entrando no clima / Maria Julia Coutinho. - 1. ed. - São Paulo : Planeta, 2016.

ISBN 978-85-422-0874-0

1. Climatologia. 2. Meteorologia. I. Título.

16-37020 CDD 551.5
CDU 551.5

2016
Todos os direitos desta edição reservados à
EDITORA PLANETA DO BRASIL LTDA.
Rua Padre João Manuel, 100 – 21º andar
Ed. Horsa II – Cerqueira César
01411-000 – São Paulo-SP
www.planetadelivros.com.br
atendimento@editoraplaneta.com.br

Para tentar entender um pouco sobre o tempo,
passei um tempão longe da família e de amigos queridos.
A todos eles dedico este livro. Foi um tempo rico em
aprendizado, durante o qual compreendi melhor o sentido
da frase atribuída ao filósofo Sócrates: "Só sei que nada sei".

SUMÁRIO

APRESENTAÇÃO

"A fotografia de satélite mostra uma frente fria no Sul do país..." Essa frase, bem conhecida dos brasileiros, sempre era dita quando se apresentava a previsão do tempo em emissoras de rádio e TV. Atualmente, fala-se de frentes frias e também de Zona de Convergência do Atlântico Sul, sistemas de alta e baixa pressão, Zona de Convergência Intertropical e muitos outros termos que antes eram restritos aos estudiosos.

Grande parte dessa mudança se deve a Maria Júlia Coutinho, ou simplesmente Maju, como é mais conhecida. A apresentadora da previsão do tempo no *Jornal Nacional*, com seu enorme carisma e simpatia, está conseguindo ensinar um pouco de meteorologia para os brasileiros em linguagem simples e objetiva. Tanto que hoje as pessoas dizem assim: "A Maju disse que vai chover!".

Para nós, meteorologistas, alguns termos criados por ela não nos agradam, como "chuvica", mas essa é a maneira que ela encontrou de fazer as pessoas entenderem as explicações a respeito de fenômenos meteorológicos que às vezes são bem complexas. Cabe destacar que seu pai, professor de português, a ensinou: a língua é viva e novas palavras podem ser criadas.

Maju tem estudado muito sobre meteorologia. Eu a conheci quando assistiu a uma de minhas palestras sobre mudanças climáticas e impactos no Brasil, e ao longo dos últimos anos temos tido contato quase que diário. Sou testemunha de seu profissionalismo e de sua dedicação.

Com o passar do tempo, Maju percebeu que a população precisava saber mais sobre a importância da meteorologia. Assim, aceitou o convite para escrever este livro, contando com a colaboração de diversos especialistas brasileiros, abordando desde uma pequena história da meteorologia, passando por explicações sobre o que é a atmosfera e como são as estações do ano, até alguns fenômenos como geada, nevoeiro, névoa úmida, névoa seca, formação e tipos de nuvens, ocorrência de chuva, frente fria, raios, vento, tornados. Há também explicações sobre El Niño e La Niña, clima do Brasil e, claro, mudanças climáticas, afinal ela participou da Conferência das Partes, em Paris, como convidada da Organização Meteorológica Mundial.

Os leitores terão acesso a um conteúdo amplo, e o livro inspirará muitos a conhecer cada vez mais sobre os assuntos abordados. Para mim, este livro é um marco dessa ciência tão fascinante.

Boa leitura!

Gilvan Sampaio, meteorologista
Lorena, 9 de outubro de 2016

INTRODUÇÃO

Tempo bom, tempo ruim

Era um tempo nervoso. Rajadas de ansiedade, ondas de expectativa e chuvas de felicidade me inundavam. Faltavam poucos dias para a minha estreia no comando da previsão do tempo dos telejornais matinais da TV Globo. Humberto Pereira, diretor do programa que abria as manhãs jornalísticas da emissora, o *Globo Rural*, me chamou para dar as boas-vindas e discorrer sobre a relatividade dos conceitos tempo bom e tempo ruim. "Afinal, para o agricultor que assiste ao *Globo Rural* e precisa de água para a plantação, a chuva é sinônimo de tempo bom. Já para a moça da cidade de São Paulo, que está com as malas prontas para curtir o feriado no litoral, tempo bom é um dia ensolarado", disse Pereira. Tão simples e tão sábio.

Simples e sábio como os versos que eu ouvia na fita cassete que meu pai levava no carro durante nossas viagens de férias: "Meu Deus/ Meu Deus/ Setembro passou/ Outubro e novembro/ Já estamos em dezembro/ Meu Deus, que é de nós?/ Assim fala o pobre/ Do seco Nordeste/ Com medo da peste/ Da fome feroz/ Ai, ai, ai, ai". O poema "A triste partida", musicado pelo cantor Luiz Gonzaga, mostra um problema recorrente no Nordeste brasileiro, também retratado em obras literárias como *Vidas secas*, de Graciliano Ramos, ou *O Quinze*, de Rachel de Queiroz.

Em três anos lidando diariamente com a meteorologia, imagens do Nordeste seco vira e mexe aparecem no quadro da previsão do tempo. No Sudeste, o inusitado é que quase morremos de susto, até pouco tempo atrás, com a seca dos reservatórios por causa de uma estiagem incomum. Tempo ruim!

Bom, ruim, tempestuoso, calmo, aguardado com ansiedade ou com temor, o tempo é um dos deuses mais surpreendentes. À meteorologia cabe interpretar os sinais vindos do céu, do mar, do ar e fornecer informações, as mais precisas possíveis, para que a gente saiba o que esperar diariamente do todo poderoso tempo.

A tarefa do jornalista que trabalha com a previsão do tempo é transmitir as informações meteorológicas de forma clara, objetiva, ética e saborosa. É dessa maneira que pretendo mostrar neste livro o que tenho aprendido diariamente em meu trabalho como apresentadora da previsão do tempo em telejornais da TV Globo.

Ótima leitura!

CAPÍTULO 1

Entrando no clima

Entre no clima comigo. Imagine que a atmosfera, a camada de gases que envolve a Terra, é uma pessoa. No começo de um dia qualquer, o humor dela está calmo, como uma manhã de céu aberto e de tempo firme. No fim da tarde, ela surta e vem à tona seu lado mais truculento: uma tempestade com rajadas de vento, raios e granizo.

A meteorologia, ciência que trata do tempo, oferece um diagnóstico da atmosfera, em determinado local e horário, como se fosse uma radiografia de um paciente entregue a um médico. O doutor, nesse caso, é o meteorologista. Ele aplica as leis da física, expressas por meio da matemática, para estudar as condições atmosféricas e verificar a evolução do quadro clínico. Porém, o "doutor" meteorologista, diferente do médico, não pode intervir nos acontecimentos e alterar as condições futuras do paciente. Pode, tão somente, antecipar essas condições.

O diagnóstico do meteorologista indica como a atmosfera vai se apresentar num curto prazo. Daqui a uma hora o céu ficará carrancudo? Amanhã à tarde a chuva vai ser ligeira? A secura continuará brava durante a semana?

A climatologia trata de um período de tempo maior: meses, anos ou décadas e trabalha com dados estatísticos para verificar, por exemplo, como a chuva costuma se distribuir pelo Brasil durante o verão.

O climatologista colhe dados, faz análises estatísticas e mapeamentos para descrever, com o máximo de precisão, o clima de determinado local. Ele também identifica as mudanças climáticas que podem ter afetado algumas regiões.

O estudo do clima tem a ver com a comida que chega às nossas mesas, a água que sai da torneira, a produção de energia elétrica que nos possibilita ler um livro à noite ou conservar um delicioso pudim.

Na agricultura, a climatologia é útil no planejamento das etapas de manejo da terra, na antecipação de semeaduras e colheitas ou nas escolhas de espécies compatíveis com o clima da região.

O estudo do clima é fonte de informação para os especialistas calcularem o tamanho dos reservatórios para abastecimento de água potável e das represas para a geração de energia elétrica, de acordo com o regime de chuvas da região.

Quer saber onde sopram bons ventos para instalar uma usina de energia eólica ou para determinar onde devem ser construídas cabeceiras da pista de um aeroporto? Consulte um climatologista!

Previsão não é precisão

Quando a atmosfera muda sem avisar e o tempo resolve dar um baile nos meteorologistas, costumo dizer que é "previsão e não precisão". Porém, cabe destacar aqui que, apesar de ainda haver imprecisões, a previsão do tempo tem avançado muito.

Um ramo relativamente novo na meteorologia é a chamada previsão imediata ou a curtíssimo prazo (poucas horas). Em 2016, o Instituto Nacional de Pesquisas Espaciais (Inpe) lançou o SOS Chuva, que traz informações imediatas sobre a ocorrência de raios, rajadas de vento e chuvas de granizo. Para criar uma previsão a mais precisa possível, pesquisadores estudaram os processos físicos que ocorrem dentro das nuvens, definindo a severidade das tempestades. Um assunto que ainda desafia a ciência.

Um radar especial, com capacidade para cobrir uma área de cem quilômetros, sensores, pluviômetros e novos algoritmos são a base do projeto. O pesquisador Luiz Augusto Machado diz que o SOS Chuva já foi apresentado para a Defesa Civil, que poderá usar os dados para emitir alertas e minimizar os problemas causados pelas tempestades em áreas de risco. Entretanto, a ideia é que a população também utilize essa ferramenta. Para isso, o Inpe desenvolveu um aplicativo que permite a percepção do que ocorre na atmosfera em tempo real e informa sobre a presença de tempestades severas. São soluções que nos ajudarão, por exemplo, a tomar a decisão de sair a pé, de bicicleta ou de carro quando precisarmos ir a um local com risco de alagamento. A previsão imediata pode reduzir perdas de vidas e de bens materiais.

Como a previsão vem se tornando mais precisa

Foi na raça que o homem aprendeu a prever o tempo. Desde as mais antigas civilizações, a humanidade observa as nuvens, o comportamento dos animais ou a dor no calo, entre outros elementos, para saber como ficará o tempo.

Mario Picazo, professor de meteorologia espanhol e chefe do Departamento de Meteorologia de uma TV da Espanha, diz em seu livro *Los grillos son un termómetro* que os primeiros homens do tempo foram sacerdotes e xamãs, cuja função principal era controlar a ira dos deuses que detinham o poder absoluto sobre todos os fenômenos naturais. Em muitos casos a popularidade e também a sobrevivência de tais sacerdotes dependiam das previsões corretas. Uma previsão errada podia custar a cabeça do previsor. Mario Picazo brinca ao dizer que sua profissão poderia ser considerada de alto risco.

Pode-se dizer que os avanços da meteorologia começaram com o desenvolvimento dos primeiros instrumentos meteorológicos, como os pluviômetros (aparelhos que medem a quantidade de chuva), os barômetros (instrumentos que medem a pressão atmosférica), os anemômetros (indicadores da velocidade e direção do vento) e os termômetros a partir do século XV. Somente no século XIX foram estabelecidas as equações que permitiram prever o tempo não de forma empírica, mas literal. Em 1873, nasceu a International Meteorological Organization (IMO), a primeira organização meteorológica internacional que visava a troca de dados meteorológicos. No século XX, as guerras mundiais impulsionaram a meteorologia, dada a necessidade de melhor precisão da previsão do tempo para melhor planejamento das batalhas. Em 1950, a IMO tornou-se a Organização Meteorológica Mundial (OMM), que estabeleceu os protocolos de trocas de dados e garantiu um considerável avanço na previsão do tempo. A meteorologia evoluiu efetivamente com o advento do computador nos anos 1950 e com o lançamento do primeiro satélite meteorológico nos anos 1960. A partir desse momento as previsões numéricas de tempo avançaram com o uso dos supercomputadores, com maior conhecimento da atmosfera, com a completa descrição do tempo pelos satélites que cobriam os oceanos. Grandes nomes da meteorologia, como Bjerknes, Richardson e Lorenz, entre outros, estabeleceram os princípios da previsão do tempo, que culminaram com modelos de previsão mais precisos e confiáveis.

No Brasil, o ano de 1781 é um dos marcos da meteorologia, quando se realizou uma série de medições no Rio de Janeiro e em São Paulo feita pelos portugueses Francisco de Oliveira Barbosa e Bento Sanches d'Orta. Com a chegada da corte portuguesa ao Rio de Janeiro, em 1808, criou-se o primeiro observatório meteorológico.

Em 1909 criou-se a Diretoria de Meteorologia e Astronomia atrelada ao Ministério da Agricultura e, em 1917, iniciou-se a previsão do tempo no Brasil de forma sistemática, com a elaboração dos primeiros mapas sinóticos abrangendo inicialmente o estado do Rio de Janeiro e a cidade do Rio de Janeiro, então Capital Federal. Após 1921, houve grandes avanços a partir da instalação de novos observatórios, implementação de radiossondas e previsão numérica do tempo. Nesse período, a Diretoria de Meteorologia se desmembrou da Astronomia e originou, mais tarde, o atual Instituto Nacional de Meteorologia (Inmet).

Em 1958 foram criados o primeiro curso de meteorologia do Brasil e a Sociedade Brasileira de Meteorologia. Seis anos depois, iniciou-se o primeiro curso de nível superior na Universidade do Brasil, atualmente Universidade Federal do Rio de Janeiro.

O Inpe foi criado em 1961 para fomentar, entre outras atividades, o desenvolvimento acadêmico e científico da meteorologia no Brasil, que culminou com a criação da primeira pós-graduação em meteorologia no país.

Idealizado nos anos 1980, e tendo as instalações inauguradas em 1994, o Centro de Previsão do Tempo e Estudos Climáticos (CPTEC) colocou o Brasil no mesmo patamar dos países mais avançados em previsão do tempo e clima, com a utilização de supercomputadores dedicados a esses fins.

Linha do tempo

350 a.C. – Aristóteles escreve *Meteorológica*

1441 – Invenção do pluviômetro (instrumento que mede a quantidade da chuva)

1450 – Criação do anemômetro (instrumento que indica a velocidade do vento), mais tarde aprimorado por Leonardo Da Vinci

1592 – Galileu Galilei inventa o termoscópio (termômetro primitivo)

1643 – Evangelista Torricelli cria o barômetro de mercúrio (instrumento que mede a pressão atmosférica)

1648 – Blaise Pascal comprova que a pressão atmosférica diminui com a altura

1686 – Edmond Halley correlaciona o aquecimento solar aos movimentos atmosféricos

1714 – Gabriel Fahrenheit cria uma escala confiável de temperatura

1742 – Anders Celsius sugere a escala centígrada como a mais adequada para medir a temperatura

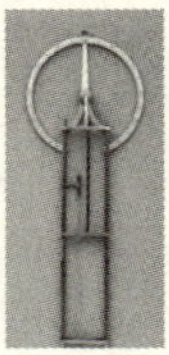

1783 – Horace-Bénédict de Saussure cria o higrômetro (aparelho que mede a umidade do ar)

1837 – Samuel Morse cria o telégrafo elétrico

1904 – Vilhelm Bjerknes propõe a previsão do tempo por meio de cálculos com base em leis físicas

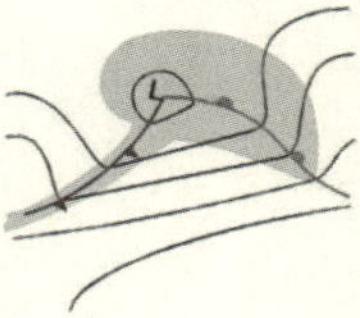

1921 – Grupo liderado por Bjerknes cria o modelo norueguês de ciclone

1950 – A previsão numérica do tempo torna-se viável com o uso de computadores

1960 – É lançado o TIROS-1 (primeiro satélite de órbita terrestre baixa em ação)

CAPÍTULO 2

Nossa atmosfera, a caçulinha

A atmosfera tem 65 milhões de anos. É filha da chamada atmosfera primitiva, que se formou há 4 bilhões de anos, quando o planeta Terra, recém-nascido, começou a esfriar. Algumas teorias explicam a origem da atmosfera matriarca. Há quem defenda que ela surgiu por causa da liberação de gases no interior da Terra durante a evolução do planeta. Outros acreditam que as substâncias que formaram a atmosfera vieram de fora, de meteoritos que bombardearam o nosso lindo balão azul. Outra tese diz que a atmosfera pegou carona numa nebulosa nuvem de hidrogênio, poeira e plasma, material que se aglutina e origina estrelas e sistemas planetários.

A atmosfera primitiva era composta por gás metano, amônia, dióxido de carbono e vapor de água, substâncias que permitiam a existência de pouquíssimos organismos vivos, os quais, mesmo sem oxigênio, surgiram por causa da interação entre os elementos da atmosfera primitiva e a radiação solar. Era uma espécie de sopão, que com os ingredientes e o tempo de cozimento certos foi ficando pouco a pouco no ponto para a vida florescer completamente na Terra.

Veja a diferença: a atmosfera caçulinha, que envolve nosso planeta atualmente, tem 78% de nitrogênio, 21% de oxigênio e 1% de outros gases como argônio, neônio, hélio, hidrogênio, xenônio, ozônio, dióxido de carbono e vapor de água. A razão da atmosfera filha carregar pouco da herança genética da atmosfera mãe tem a ver com as transformações químicas que ocorreram ao longo do tempo e com a ação da fotossíntese. A maior herança que nossa jovem atmosfera recebeu da atmosfera primitiva foi o vapor d'água, crucial para "limpar" o ar, fazer surgir o oxigênio e contribuir para que o "sopão" da vida chegasse ao ponto certo de cozimento. Aqui, cabe explicar como o oxigênio apareceu. Ele surgiu da fotodissociação do vapor d'água. Podemos explicar fotodissociação assim: devagar, devagarinho, os raios quebraram as moléculas de vapor em átomos de hidrogênio e de oxigênio. As duas moléculas de vapor d'água quebradas formaram dois átomos de oxigênio que se juntaram, formando uma molécula de gás oxigênio.

Composição da atmosfera atual

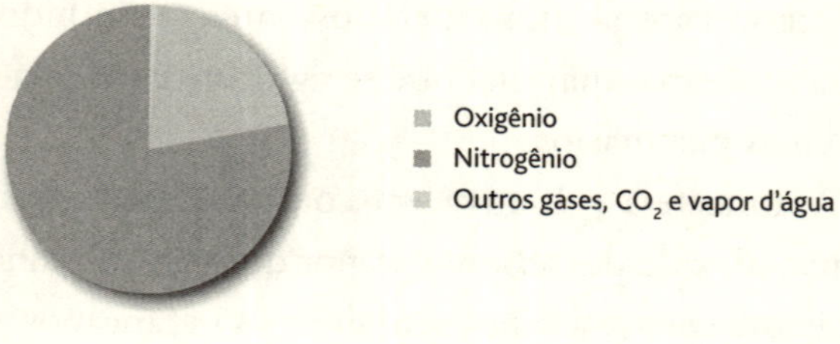

Atmos significa vapor. Nossa esfera de vapores tem nove camadas. A troposfera (camada 1) é a mais próxima da superfície terrestre, entre 12 e 17 km de altitude no Equador e 7 km nos polos. À medida que se ganha altitude na troposfera, perde-se temperatura, ou seja, quanto mais alto, mais frio. Nessa primeira camada, ocorre a maioria dos fenômenos meteorológicos. As outras camadas são:

- Tropopausa: camada intermediária entre a troposfera e a estratosfera caracterizada principalmente pela isotermia, ou seja, a não variação da temperatura com a altura. Sua espessura varia entre 3 e 5 km.
- Estratosfera: caracterizada pelo predomínio de movimentos horizontais do ar, aumento da temperatura com altura e dispersão da luz solar (cor azul do céu). Ela estende-se por até 50 km. É nela que está a camada de ozônio, responsável pela absorção de boa parte da radiação UV.
- Estratopausa: camada de transição entre a estratosfera e a mesosfera; estende-se por aproximadamente 60 km.
- Mesosfera: nessa camada, a temperatura volta a diminuir com a altura. Nela também ocorre a desintegração dos meteoritos estrelas cadentes. Estende-se por até 85 km.
- Mesopausa: camada de transição entre a mesosfera e a termosfera. A temperatura deixa de diminuir com a altura, as moléculas de ar começam a ficar mais distantes umas das outras (ar extremamente rarefeito); estende-se por aproximadamente 90 km.
- Termosfera: camada que se estende por 500 km e na qual ocorrem as auroras (show de cores e luzes observado nas regiões polares). Na termosfera, a temperatura volta a aumentar com a altura, atingindo valores da ordem de 1.000°C.
- Termopausa: camada limítrofe entre a termosfera e a exosfera.

- Exosfera: camada mais externa da atmosfera, sem um limite definido (fala-se em 1.000 km), confundindo-se com o espaço.

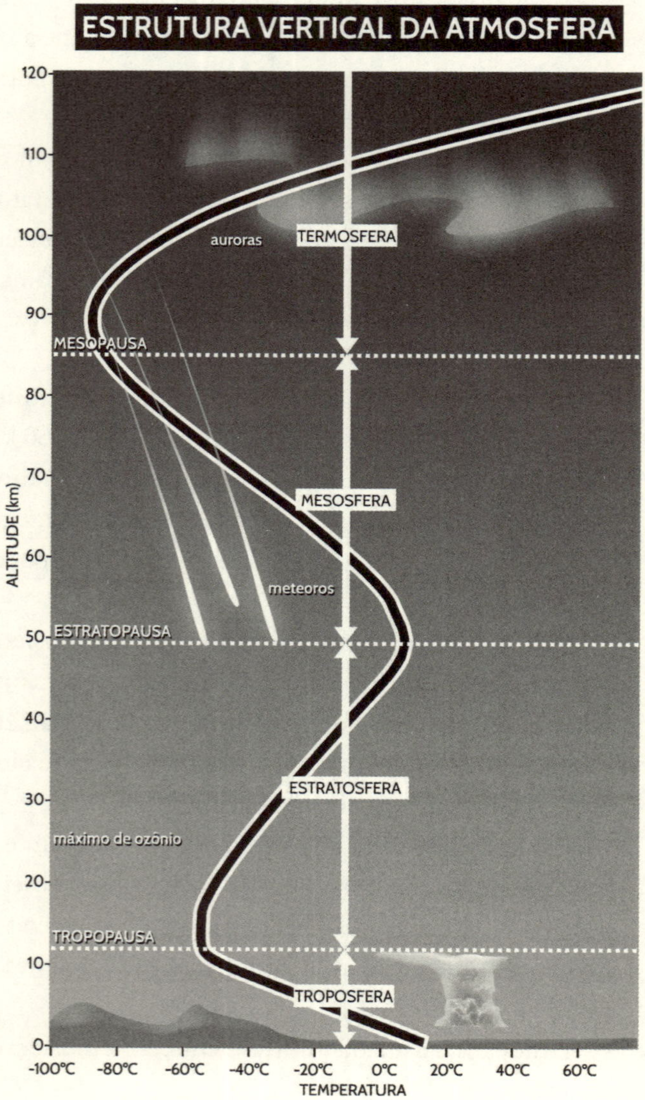

Filtro solar do planeta

A atmosfera absorve 19% da radiação solar, impedindo que a gente vire churrasquinho. Trata-se do filtro solar do planeta. Veja como funciona:

- A radiação solar incide sobre as moléculas de gases e as impurezas que compõem a atmosfera. O ozônio é um dos principais responsáveis pela captura de energia.
- No processo de difusão, a luz solar é espalhada por meio das moléculas e das impurezas suspensas na atmosfera. O céu é azul graças ao espalhamento da radiação. No processo de reflexão, aproximadamente 30% da energia solar é refletida para o espaço pelo topo das nuvens, pela superfície da água, por florestas densas ou áreas cobertas de neve.

Azul da cor do céu

O céu é azul por causa do efeito provocado pela dispersão da luz solar por meio da camada de gases que envolve o planeta. Para explicar esse processo, é preciso falar sobre luz solar.

A luz solar, visível ao olho humano, é uma mistura de várias cores que resulta no branco. Cada cor corresponde a uma onda de determinado tamanho. A azul é uma das cores de menor comprimento, enquanto a vermelha é a de maior comprimento.

Ao invadir o planeta, a luz solar encontra gases e impurezas da atmosfera. Quando o Sol está mais alto, as ondas de comprimento maior (verde, amarelo, laranja e vermelho) contornam esses gases e essas partículas. Porém, as ondas de menor comprimento não conseguem driblá-los e são absorvidas ou espalhadas em todas as direções, pintando o céu de azul. O amarelo solar é resultado da soma das cores de onda de comprimento maior.

À tarde, quando o Sol se aconchega no horizonte, a luz solar percorre um caminho mais longo pela atmosfera, já que os raios estão mais paralelos à superfície. Até mesmo ondas de comprimento maior já não podem se desviar das partículas suspensas e são espalhadas, colorindo com tons avermelhados e alaranjados as camadas mais próximas ao horizonte. É aquele céu lindo de fotografar e postar no Facebook.

SAIBA MAIS

Como os especialistas sabem como era a atmosfera há milhões de anos se foi somente a partir do início do século XX que começaram os registros sistemáticos e padronizados das condições meteorológicas? A resposta está na paleoclimatologia, ramo da ciência que estuda a evolução do clima na Terra. A paleoclimatologia usa diversas técnicas para estudar a variação do clima. Pode-se estudar o ar aprisionado em bolhas nas diversas camadas de gelo que se sobrepuseram ao longo dos anos nas calotas polares. Os anéis de árvores petrificadas revelam períodos de seca ou abundância de água. As camadas de sedimentos e rochas oferecem uma noção de como a pressão e a temperatura variaram no tempo em determinado lugar. Já o estudo dos corais sugere as variações de temperatura dos oceanos.

CAPÍTULO 3

Estações do ano

Se não fosse a inclinação do eixo da Terra durante a viagem que o planeta faz em torno do Sol, provavelmente não ouviríamos Tim Maia soltar o vozeirão e cantar "Primavera". Se não fosse essa inclinação, o compositor italiano Antonio Vivaldi não teria criado a popular obra erudita "As quatro estações". Graças a essa inclinação, estilistas ditam as tendências de moda para cada temporada, sorveteiros calculam a produção de picolés no período de dezembro a março, supermercados no Sul e no Sudeste do país deixam vinhos e *fondues* expostos nas prateleiras nos meses de junho, julho e agosto, famílias se programam para curtir as férias de janeiro debaixo do Sol.

As estações do ano só existem porque o eixo de rotação da Terra é levemente inclinado em relação ao plano da órbita da Terra em torno do Sol. Por causa dessa inclinação, os raios solares incidem de forma diferente nos dois hemisférios do planeta na maior parte do ano.

Antes de dar mais detalhes sobre essa diferença, vamos mostrar qual a trajetória e quais os movimentos que a espaçonave Terra faz pelo espaço.

Nossa nave faz uma viagem de um ano em torno do Sol. Esse movimento recebe o nome de translação. A trajetória do planeta é elíptica e a velocidade média da nossa espaçonave na estrada espacial é de 30 km/s. A distância percorrida pela Terra para completar a volta ao redor do Sol é de 940 milhões de km. Enquanto gira em torno do Sol, a Terra gira em torno de si mesma. Esse movimento em torno do próprio eixo é chamado rotação.

Se o eixo da Terra não fosse inclinado, cada região do planeta receberia a mesma quantidade de energia durante o ano todo, com as regiões equatoriais tendo mais energia que as regiões intermediárias e as regiões polares recebendo menos energia que o restante do planeta. A falta de variação reforçaria as características climáticas de cada região. Os trópicos seriam muito mais quentes e riquíssimos em vida vegetal e animal. As regiões de clima temperado, que no Brasil correspondem à área entre São Paulo e Rio Grande do Sul, viveriam em eterna primavera. E os polos continuariam frios e desertos.

Porém, como o eixo da Terra é inclinado em relação ao plano da órbita do Sol, a distribuição de energia solar ao longo do ano fica assim: em todo 21 de março, a inclinação do planeta permite que os hemisférios Norte e Sul recebam a mesma quantidade de luz solar e o dia e a noite durem doze horas nos dois hemisférios. É o chamado equinócio, que no hemisfério Sul marca o início do outono e no Norte, o da primavera.

Em 21 de junho, a luz solar incide mais diretamente no hemisfério Norte que no hemisfério Sul. É o começo do verão no hemisfério Norte e do inverno, no hemisfério Sul. É o chamado solstício.

ESTAÇÕES DO ANO

*EM RELAÇÃO AO HEMISFÉRIO SUL

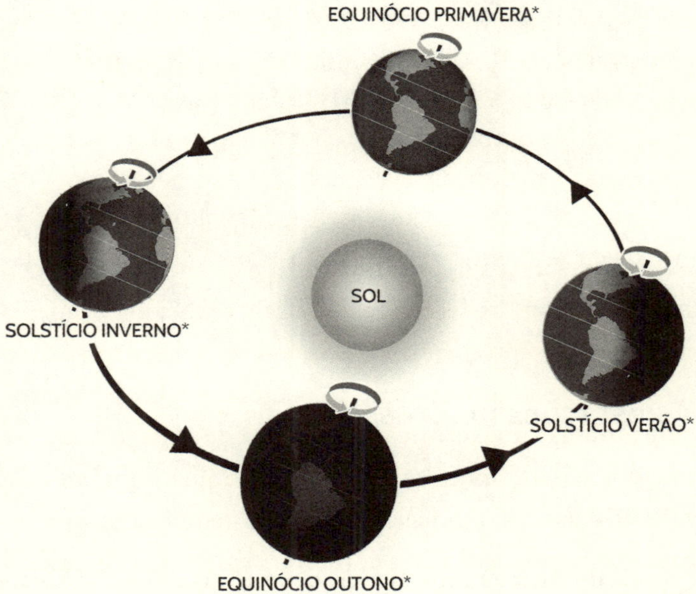

Em 23 de setembro, os dois hemisférios voltam a receber a mesma quantidade de luz solar. É mais um equinócio que, dessa vez, marca o início da primavera no hemisfério Sul e do outono no Norte.

Assim como os equinócios, existem dois solstícios. O segundo solstício do ano acontece em 22 de dezembro, quando o hemisfério Sul passa a receber a luz solar mais diretamente. É o início da temporada na praia durante o verão no hemisfério Sul e da neve no hemisfério Norte.

No Equador, o Sol permanece doze horas acima do horizonte e doze horas abaixo durante todo o ano. Nessa região, não há muita diferença entre as quatro estações.

SAIBA MAIS

A distância média entre a Terra e o Sol é de 149,6 milhões de km, mas ao longo do ano ocorre uma variação de 1,67% acima ou abaixo da média. Assim, a distância máxima em relação ao Sol é de 152,1 milhões de km e a mínima é de 147,1 milhões de km. Essas variações se explicam pelo fato de a órbita da Terra não ser um círculo perfeito, mas sim uma elipse. Porém, essa pequena variação na distância entre a Terra e o Sol não determina a mudança de estação ao longo do ano.

As estações no Brasil

Outono

É considerada uma estação de transição. Pode se disfarçar de verão ao apresentar temperaturas altas ou de inverno quando há um aumento na frequência de nevoeiros e registro de geada nas serras do Sul e do Sudeste. No outono, costuma chover menos no Sul, no Sudeste e no Centro-Oeste.

As temperaturas também tendem a ficar mais amenas nessas regiões por causa da chegada de massas de ar frio, com mínimas variando entre 12 ºC e 18 ºC e máximas entre 18 ºC e 28 ºC. No Norte e no Nordeste, há pouca variação.

Inverno

Vai de 21 de junho a 23 de setembro. Esse trimestre é considerado o menos chuvoso nas regiões Sudeste e Centro-Oeste. A estrela da estação é a frente fria. Na retaguarda das frentes frias, chegam massas de ar frio que podem ser fortes e provocar queda de temperatura e, vez ou outra, geada, principalmente em lugares serranos.

O Sul do país costuma registrar temperaturas abaixo de zero. Pode também nevar. No dia 21 de agosto de 2016, a neve encantou moradores e turistas em Urubici e em São Joaquim, em Santa Catarina.

Nevoeiro e névoa (ver capítulo "Que embaço!") são fenômenos típicos do inverno no centro-sul do país. Em áreas do Centro-Oeste, a amplitude térmica – diferença entre a temperatura máxima e a mínima – costuma ser alta e as tardes de inverno são geralmente bem secas, com índices baixos de umidade relativa do ar. (Ver capítulo "Secos e molhados".)

Primavera

Costumo chamá-la de "floridinha, mas ordinária", pois durante o período primaveril tenho que justificar constantemente as mudanças repentinas na previsão do tempo.

Com a chegada da primavera, as chuvas ficam mais intensas e frequentes nas regiões Centro-Oeste e Sudeste. A estação marca a transição entre o período seco e o chuvoso. Ao longo da primavera, calor e umidade aumentam e provocam pancadas de chuva no final da tarde ou à noite. Em algumas ocasiões, a chuva pode vir em forma de pacote completo, com raios, ventos fortes e queda de granizo.

Na região Sul, aumenta a quantidade de raios e chove bastante em períodos curtos.

Na primavera, a maior parte da região Nordeste entra na estação seca. As exceções são o sul dos estados do Piauí e do Maranhão e o oeste da Bahia.

No centro-sul da região Norte, o período chuvoso tem início nos meses de outubro e novembro, com o aumento gradativo de pancadas de chuva com trovoadas.

Na primavera, as temperaturas aumentam aos poucos nas regiões Sul, Sudeste e Centro-Oeste. No Brasil central, as temperaturas máximas podem subir muito por causa da forte radiação solar e da maior frequência de dias com céu claro. Mesmo assim, massas de ar frio poderosas podem avançar e causar queda de temperatura no centro-sul do país.

Nas regiões Norte e Nordeste, há pouca variação de temperatura ao longo do ano.

Em algumas áreas do Nordeste, como no Piauí, é nesse período que começa a temporada do popularmente chamado B R O BRÓ. Pronuncia-se "B Erre Ó BRÓ". A expressão é fruto da junção das últimas sílabas dos meses mais quentes do ano: setembro, outubro, novembro e dezembro. O calor da temporada do B R O BRÓ chega a bater os 40 °C.

Verão

Os dias são mais longos que as noites. As condições do tempo mudam rapidamente e provocam chuvas fortes de curta duração, principalmente à tarde. São as chamadas pancadas, que vêm acompanhadas de raios, trovões e rajadas de vento, especialmente no Sul, no Sudeste e no Centro-Oeste.

Nessas regiões e no extremo sul do Amazonas se concentram os maiores volumes de chuva da estação. A Zona de Convergência do Atlântico Sul e as frentes frias são os principais sistemas responsáveis pelas chuvas de verão no centro-sul do país.

AS ESTAÇÕES E A MÚSICA

Quando o inverno chegar
Eu quero estar junto a ti
Pode o outono voltar
Eu quero estar junto a ti
(“Primavera”, canção de Cassiano
e Sílvio Rochael eternizada por Tim Maia)

São as águas de março fechando o verão
É a promessa de vida no teu coração
(“Águas de março”, de Tom Jobim)

Olha, é como o verão
Quente o coração
Salta de repente para ver
A menina que vem.
(“Samba de verão”, de Marcos e Paulo Sérgio Valle)

Tomar pé
Na maré desse verão
Esperar
Pelo entardecer
Mergulhar
Na profunda sensação
De gozar
Desse bom viver
(“Cores vivas”, de Gilberto Gil)

Pelo inverno, pelo sorriso
Pela primavera, pela namorada

Pelo verão, pelo céu azul
Pelo outono, pela dignidade
[...]
Eu vou torcer, eu vou
    (“Eu vou torcer”, de Jorge Ben Jor)

Outono é sempre igual
As folhas caem no quintal
Só não cai o meu amor
Pois não tem jeito, é imortal.
    (“As quatro estações”, de Álvaro Socci,
    Cláudio Matta e Noely)

Inverno, primavera, verão ou outono
Tudo que você tem que fazer é chamar
E eu estarei lá, sim, sim, sim
Você tem um amigo
    (“Você tem um amigo”, de James Taylor)

Venha, o amor tem sempre a porta aberta
E vem chegando a primavera
Nosso futuro recomeça
Venha, que o que vem é perfeição
    (“Perfeição”, de Dado Villa-Lobos, Marcelo
    Bonfá e Renato Russo)

CAPÍTULO 4

Secos e molhados: o papel da umidade na meteorologia

A umidade é a quantidade de vapor de água na atmosfera, fruto do casamento entre o Sol e a água: o chamado ciclo hidrológico. Nessa união, o Sol mantém a molécula de H_2O circulando ao aquecer os oceanos durante o dia e provocar a evaporação, que nada mais é que a passagem da água do estado líquido para o gasoso. O vapor sobe para a atmosfera e passa para o estado líquido e a essa mudança se dá o nome de condensação. A condensação faz com que surjam pequenas gotas. Tais gotas formam nuvens. E as nuvens podem, eventualmente, produzir chuva. Quando a chuva cai sobre os oceanos, o ciclo hidrológico recomeça.

Quando chove em terra firme, parte da água se infiltra no solo, parte escoa na superfície e outro tanto é absorvido pelas plantas. E olha o Sol aí de novo, gente! Ele aquece os continentes, provoca a evaporação e a transpiração das plantas. O vapor vai para a atmosfera, surgem as nuvens e cai a chuva. Ao chover, parte da água que se infiltra no solo e a parte que escoa nos rios retornam para o oceano.

CICLO HIDROLÓGICO

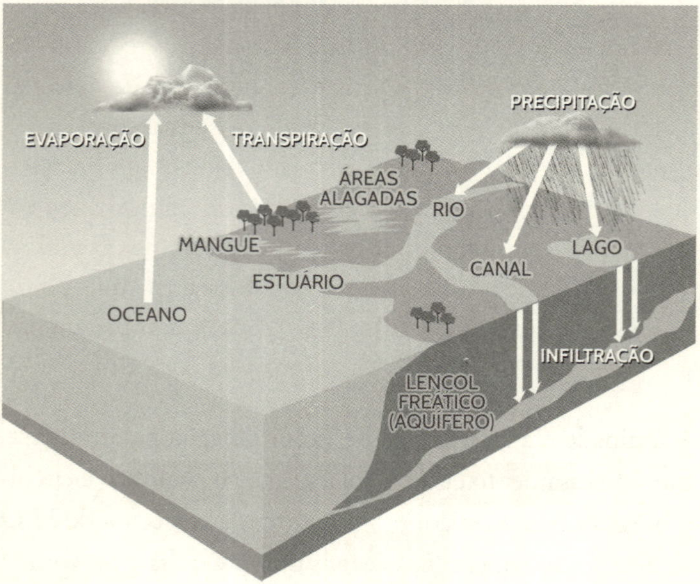

A umidade mexe também com a sensação térmica humana e a dos animais. Se o dia estiver quente e a umidade, alta, a sensação de abafamento aumenta. Com o frio e a umidade alta, a sensação de friozão é maior. Por isso, para muita gente, o ideal é o frio e o calor secos, ainda que os valores de umidade não devam ser extremamente baixos, o que geraria outro tipo de desconforto.

Em tempos de secura, a umidade vira a estrela do quadro da previsão do tempo, pois começam a surgir os avisos de "umidade relativa do ar baixa".

A umidade relativa é a mais famosa forma de medir a quantidade de vapor presente na atmosfera. O ar, em determinada temperatura, tem a capacidade máxima de armazenar o vapor d'água. A quantidade de vapor presente em determinado momento, dividida pela quantidade máxima de vapor que o ar consegue armazenar, recebe o nome de umidade relativa do ar. Se a umidade relativa for de 50%, por exemplo, significa que existe uma quantidade de vapor d'água que é a metade que o ar consegue armazenar.

Uma porção de ar está saturada (cheia de vapor d'água) quando atinge a concentração máxima de vapor d'água em relação a determinado valor de temperatura e de pressão. O índice de Umidade Relativa (UR) mostra em que ponto está a saturação do ar. UR de 0% indica ar completamente seco. UR de 100% é igual a ar completamente saturado.

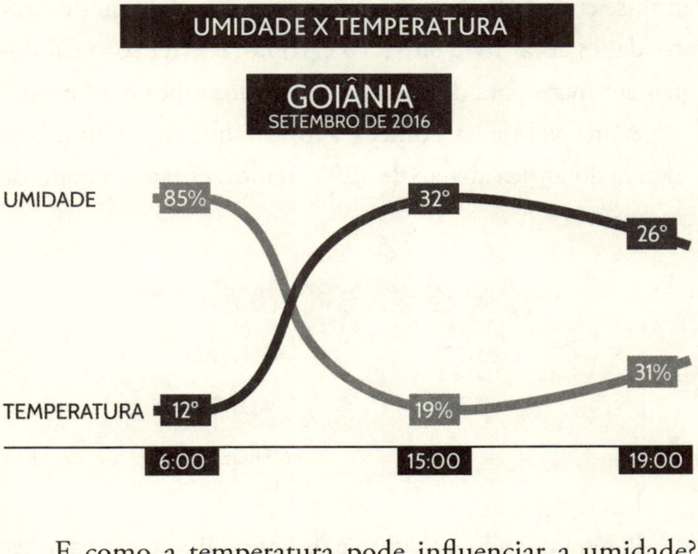

E como a temperatura pode influenciar a umidade? Tomemos como exemplo o que ocorreu em Goiânia em 21 de julho de 2016. Às 6 horas da manhã, quando fazia 12 °C, o índice de umidade relativa do ar estava nas alturas: 85%. Depois que o Sol chegou despudorado e a temperatura bateu 32,8 °C, às 15 horas, a umidade relativa desceu ladeira abaixo e caiu para 19%. Às 19 horas, quando a temperatura caiu para 21 °C, o índice de UR ficou em 31%. De acordo com a Organização Mundial da Saúde, o ideal para o nosso bem-estar é o índice de umidade relativa do ar em torno de 60%.

Ao atingir o índice de umidade relativa do ar entre 20% e 30%, o sinal amarelo acende – é o chamado estado de atenção. Nesse caso, é recomendável evitar exercícios físicos ao ar livre entre 11 e 15 horas e beber bastante água. A desidratação pode gerar problemas cardiovasculares e renais, por exemplo.

Quando a umidade relativa do ar atinge entre 12 e 20%, entra-se em estado de alerta, e é recomendável deixar de fazer atividades ao ar livre entre 10 e 16 horas e ter soro fisiológico em mãos para diminuir a secura dos olhos e do nariz.

A luz vermelha começa a piscar quando a umidade relativa do ar fica abaixo de 12%. Temos, então, o estado de emergência.

ÍNDICES – UMIDADE RELATIVA	
20-30%	ATENÇÃO
12-20%	ALERTA
< 12%	EMERGÊNCIA

Porém, quando o assunto é secura no Brasil, é preciso ter cautela, já que a umidade relativa do ar fica baixa durante poucos dias, por poucas horas e em áreas externas. É o que explica o professor Fábio Luiz Teixeira Gonçalves, do Departamento de Ciências Atmosféricas da Universidade de São Paulo: “O ambiente doméstico é sempre mais úmido.

Valores domiciliares abaixo de 30% são raros, especialmente em regiões próximas à costa, como as cidades de São Paulo, Curitiba e Rio de Janeiro".

Segundo o professor, o ressecamento das mucosas, que abre caminho para doenças infecciosas, só ocorre com umidade relativa do ar abaixo de 30%. E esse índice baixo é registrado, na maioria dos casos, em áreas externas, entre as 14 e 16 horas. "Dentro de casa, as pessoas, as plantas, os cachorros, todos os seres expelem água, umidificando o ambiente. Atingimos 20% dentro de casa talvez em Brasília, onde os moradores devem usar o umidificador apenas entre julho e setembro", argumenta. O professor completa dizendo que umidificar ambientes internos em cidades próximas à costa brasileira, como Rio de Janeiro e São Paulo, especialmente à noite, pode fazer com que o índice de umidade relativa do ar vá para as alturas. E com índices altos quem faz a festa são os fungos. "Eles adoram umidade acima de 70%. E, dentro das casas, os índices frequentemente passam desse percentual."

O higrômetro, aparelho que mede a umidade relativa do ar, pode mostrar se o aconchego de seu lar está sendo aconchegante também para os fungos.

Geada, a branca e a negra

"Maju, adorei você falando da geada negra hoje. Meus avós perderam tudo por causa da geada negra, em Londrina, em 1975, e foram morar em Minas Gerais com seus onze filhos para recomeçar a vida." Cristiana Lima deixou esse comentário na página de compartilhamento de fotos que tenho na internet, logo depois que expliquei a diferença entre geada negra e geada branca na previsão do tempo do *Jornal*

Nacional. A explicação foi ao ar um mês antes de a geada devastadora que atingiu o Paraná completar 41 anos.

A geada negra paranaense foi capa de jornais da época com manchetes como estas: "Geada traz catástrofe para a economia nacional"; "Foi a pior geada"; "Não sobrou um único pé de café". A destruição da lavoura cafeeira mudou a história do Paraná, que concentrava 50% da produção nacional de café, provocando migrações e suicídios e abrindo terreno para o cultivo da soja no estado.

Paraná, Rio Grande do Sul e Santa Catarina estão na região do país onde as geadas ocorrem com mais frequência. É que o Sul do Brasil é a porta de entrada para as massas de ar frio. A topografia da região, com serras de 1.000 m de altura, também favorece a ocorrência de geada.

A geada não cai do céu, como a chuva ou a neve. É a formação de uma fina camada de cristais de gelo sobre a superfície do solo, de plantas e de objetos. É o congelamento do orvalho. O orvalho se forma quando as moléculas de água que vagueiam pelo ar se encontram e se acumulam em forma de gotículas ao darem de cara com uma superfície mais fria. Porém, quando a temperatura na superfície atinge 0 °C, o orvalho congela e ocorre a geada.

Segundo o meteorologista Marcelo Enrique Seluchi, a geada pode ser formada por um destes dois processos: o advectivo e o radiativo.

As geadas radiativas ocorrem em noite de céu limpo, sem o chamado cobertor de nuvens, com vento calmo, quando o solo vai perdendo calor até atingir temperaturas negativas. Esse tipo de geada normalmente aparece em forma de gelo cristalino na superfície do solo e das plantas. É a chamada geada branca.

As geadas advectivas são formadas pelo avanço de massas de ar frio que normalmente chegam na retaguarda de uma frente fria e provocam queda drástica de temperatura. Esse processo gera ventos intensos que contribuem para a formação da chamada geada negra. Ela pode congelar a seiva da planta e arrasar com a lavoura, como ocorreu no Paraná.

SAIBA MAIS

O deserto do Atacama, um dos lugares mais secos do mundo, fica pertinho do Brasil, na mesma latitude de São Paulo, estendendo-se do norte do Chile até a fronteira do Peru. Ele é formado, em grande parte, por terreno arenoso e rochoso. Em algumas áreas do deserto, a precipitação média anual (o volume de chuva anual) é menor que 1 mm, ou seja, 1 litro por metro quadrado, e a umidade relativa do ar pode chegar a 1%.

Como explicar a secura desse deserto que fica ao lado do oceano Pacífico e perto da superúmida Amazônia? A resposta está na chamada Corrente de Humboldt ou Corrente do Peru, uma corrente oceânica fria, originária da Antártica, que flui na costa do Chile e do Peru. A baixa temperatura da superfície do mar inibe grande evaporação e deixa a umidade relativa baixa, originando somente nevoeiros. A Cordilheira dos Andes impede que a umidade da Amazônia chegue ao deserto do Atacama.

CAPÍTULO 5

O caminho para as nuvens

“Do que é feita a nuvem?/ Do que é feita a neve?” O trecho da música “Oito anos”, que a cantora Paula Toller dedicou ao filho Gabriel, reflete dúvidas que muita gente tem. Vamos à resposta: há nuvens compostas só por gotículas de água, outras feitas só de cristais de gelo, e existem ainda as que levam os dois ingredientes. Tudo vai depender do lugar que a nuvem ocupa na troposfera, a camada da atmosfera que vai da superfície até quinze quilômetros de altitude, onde ocorre a maioria dos fenômenos meteorológicos. As nuvens podem se formar nos pontos baixos, médios ou altos da troposfera.

O caminho para as nuvens passa pela mudança de estado do vapor d’água, que ao subir na atmosfera pode se condensar e se transformar em gotículas ou pode se tornar cristais de gelo. O ponto em que ocorre essa transformação é chamado de ponto de orvalho que é a temperatura que, em determinada pressão atmosférica, faz o vapor d’água contido no ar se condensar. Simplificando: a temperatura de ponto de orvalho é aquela que o ar tem de atingir para ficar saturado, ou seja, ficar carregado com a máxima quantidade de umidade para que então ocorra a condensação, passando do estado de vapor para o estado líquido. Vamos trilhar o caminho dessa mudança.

O Sol aquece a superfície da Terra, que aquece o ar que está em contato com ela. Essa parcela de ar, próxima à superfície, fica mais quente e mais leve (menos densa) que outra porção de ar que está mais acima. O ar menos denso sobe, iniciando a chamada convecção. Durante a subida, a pressão atmosférica vai diminuindo, pois quanto maior a altura, menor o peso da coluna de ar (ver capítulo "Na pressão"). Ao encontrar uma pressão menor, o ar, que subiu, se expande, se resfria e atinge a saturação, tornando líquido ou sólido o vapor d'água de sua composição, ou seja, condensando-o ou cogelando-o. Na atmosfera, a condensação ocorre sobre partículas em suspensão chamadas núcleos de condensação, que podem ser, por exemplo, pequenas partículas de poeira, sal marinho ou pólen.

CLASSE	NOME	ALTURA DA BASE	COMPOSIÇÃO
Desenvolvimento vertical	cumulonimbus cumulus	0-2 km	Mista
Altas	cirrocumulus cirrostratus cirrus	5-18 km	Sólida
Médias	altocumulus altostratus nimbostratus	2-8 km	Líquida/Mista
Baixas	stratocumulus stratus	0-2 km	Líquida

O relevo também exerce papel importante na formação das nuvens. Quando uma massa de ar é forçada a subir, acompanhando o relevo do terreno (montanhas, serras), temos a chamada forçante mecânica, que provoca o resfriamento e a condensação do vapor d'água. Nuvens que surgem dessa forma são de origem orográfica.

Nuvens também se formam devido à convergência de ar e por levantamento do ar em frentes frias, quentes e oclusas (ver capítulo "Chove chuva"). Quando uma massa de ar quente se desloca sobre uma superfície mais fria, há formação de nuvens. O desenvolvimento de uma nuvem depende de elementos como umidade, temperatura e circulação dos ventos. A combinação do movimento ascendente do ar com boa dose de umidade pode transformar, em poucos minutos, uma inofensiva nuvem pequena em uma danosa nuvem de tempestade. Já o movimento descendente do ar pode fazer com que as gotículas de água evaporem ao encontrarem temperaturas mais altas nas camadas mais baixas da atmosfera. É a tal "eu sou nuvem passageira/ que com o vento se vai", da canção de Hermes de Aquino. Porém, quando a nuvem não se vai, vários fenômenos podem ocorrer. Afinal, faça chuva ou faça neve, é preciso ter nuvem. Troveje ou relampeje, é preciso ter nuvem. Caia granizo ou surja um tornado, é preciso ter nuvem. Sem nuvem, nada de chuva, raio, trovão, granizo ou tornado.

As nuvens são nossas informantes, pois, dependendo do aspecto de cada uma delas, é possível saber se choverá ou se o tempo ficará firme nas horas seguintes.

Vejamos agora os nomes peculiares de cada nuvem:

- Estratiformes (do latim *stratum*, que significa camada, cobertura) são as nuvens que se desenvolvem horizontalmente, cobrem uma grande área, são pouco espessas e, algumas delas, provocam chuva leve e contínua.
- Nuvens cumuliformes (do latim *cumulus*, que significa pilha, monte) crescem verticalmente, em grande extensão, e podem provocar chuva forte.

- A nuvem branca brilhante, delicada e sedosa em formato de fibras ou estrias é chamada de cirrus. É formada apenas por cristais de gelo e aparecem normalmente em regiões de ventos fortes nos altos níveis, ou seja, acima de 6 km a partir da superfície. Aviões, em voos altos, às vezes produzem cirrus artificialmente – são aquelas trilhas deixadas no céu pelas aeronaves. O vapor de água, que sai das turbinas, entra em contato com a baixa temperatura da atmosfera, e as gotículas frias congelam, transformando-se em cristais de gelo. Também podem surgir as trilhas de dissipação, quando o avião passa por uma camada de nuvem e cria um corredor de céu claro.
- As cirrocumulus têm um aspecto granulado ou enrugado.
- As cirrostratus se apresentam como um véu transparente, fino e embranquecido, que nos permite ver o brilho do Sol ou da Lua. Com uma cobertura de cirrostratus durante o dia forma-se o halo solar e à noite, o halo lunar, que são círculos luminosos ao redor do Sol e da Lua, respectivamente.
- As altostratus encobrem o Sol ou a Lua, deixando o disco solar ou lunar embaçado. Provocam chuva leve e contínua, têm aspecto cinzento ou cinza-azulado.
- As altocumulus formam o chamado "céu encarneirado" ou "céu pedrento", compondo uma camada de nuvens brancas.
- As nuvens baixas, com camadas uniformes e suaves, que produzem garoa ou nevoeiro são chamadas de stratus.
- As nuvens do tipo nimbostratus são disformes e geralmente encontradas no estágio médio, porém podem estender-se para outros níveis. Elas podem produzir pancadas de chuva ou neve.

- As nuvens cumulus têm contornos bem definidos, parecidos com uma couve-flor. Elas trazem chuva em forma de pancadas.

COMO NASCEM AS NUVENS

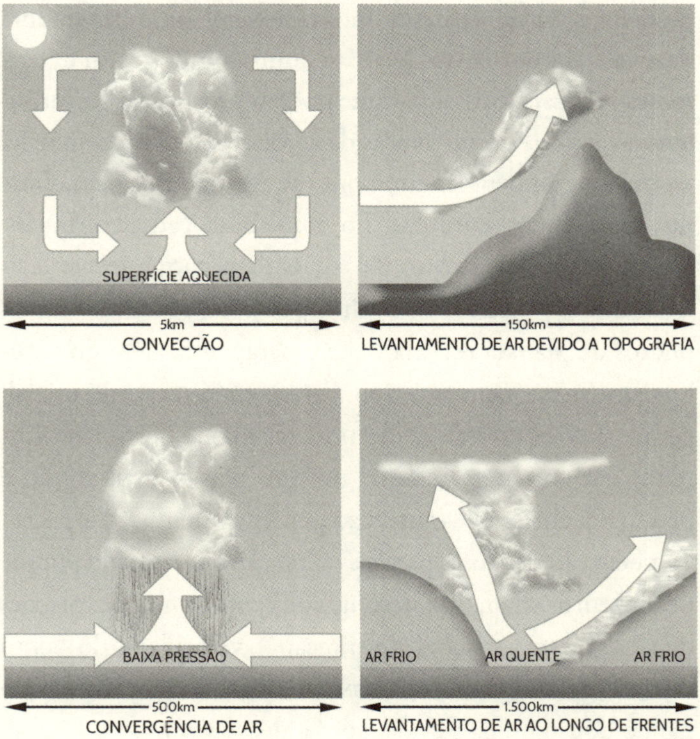

- As cumulonimbus muitas vezes são as responsáveis pelo que eu chamo de "pacotão" ou pacote completo: chuva com raios, trovões, granizo e rajadas de vento. A base desse tipo de nuvem fica entre 700 m e 1.500 m. O topo atinge entre 9 km e 12 km. As cumulonimbus são formadas por gotas de água, cristais de gelo, gotas superfrias, flocos de neve e granizo. O topo dessas nuvens se expande horizontalmente por causa dos ventos do alto da atmosfera. É por esse motivo que a cumulonimbus tem cara de bigorna de ferreiro.

Mauro Neutzling Lehn, meteorologista e consultor deste livro, refere-se a esse tipo de nuvem como devoradora de avião, já que dentro de uma cumulonimbus existem correntes verticais fortíssimas que podem provocar uma turbulência capaz de cortar as asas da aeronave. O granizo que há na nuvem também faz um bom estrago na fuselagem. Toda nuvem que tem "cumulus" no nome pode causar turbulência em voos, pois dentro delas circulam correntes verticais de ar que são o terror de muitos pilotos. As exceções são os pilotos de planadores, asa-delta e parapente, além dos urubus, que perseguem esse tipo nuvem em seu estágio inicial, já que as correntes de ar ascendentes mantêm esses aventureiros em voo até a base da nuvem, pois ir mais fundo é pedir para entrar em apuros, ao perder a orientação espacial. Também são perigosas para a aviação próximo ao solo porque produzem as chamadas "tesouras de vento" e microexplosões que originam variações de direção e velocidade do vento capazes de desestabilizar uma aeronave em aproximação para o pouso ou na subida, após a decolagem.

Uma nuvem cumulonimbus de origem convectiva tem seu desenvolvimento marcado por três fases que podem durar em média entre quinze e trinta minutos cada. A primeira fase é chamada fase de cumulus, quando há predomínio de correntes de ar ascendentes dentro da nuvem, fazendo com que ela cresça bastante e produza grande desenvolvimento vertical.

Na fase de maturidade, a nuvem atinge altura máxima – o topo se torna achatado e tem aspecto de bigorna, as bases ficam mais baixas e os relâmpagos começam a ocorrer em toda a sua extensão. Há predomínio de correntes ascendentes e descendentes em seu interior que provocam ventos e precipitações fortes na superfície.

A fase de dissipação é caracterizada por grandes expansões laterais da nuvem e predomínio de correntes descendentes e precipitação fraca.

SAIBA MAIS

Existem nuvens especiais como a Morning Glory (Glória da Manhã), popularmente chamada de nuvem rolo por causa de seu formato. É uma nuvem do gênero stratocumulus. Ainda não existe uma explicação clara para sua formação, mas meteorologistas dizem que ela se origina graças ao encontro de massas de ar com características diferentes.

CAPÍTULO 6

Que embaço!

"A neblina que cobriu cidades do centro-sul e deixou passageiros de castigo nos aeroportos", foi assim que o apresentador Chico Pinheiro anunciou um dos destaques do *Jornal Nacional*, da TV Globo, no dia 16 de junho de 2016. Capitais como Porto Alegre, Campo Grande e São Paulo tiveram uma manhã de sábado embaçada. Coube ao repórter José Roberto Burnier detalhar o transtorno causado pelo nevoeiro no aeroporto de Congonhas, em São Paulo, um dos mais movimentados do país.

O aeroporto começou a funcionar às 6 horas da manhã fechado para pousos e decolagens. Somente às 6h20 abriu para decolagens e, seis minutos depois, os pousos foram autorizados, mas só por uma hora e meia. Depois desse período, a operação parou novamente. O abre e fecha de Congonhas, aeroporto cujo ponto forte é a ponte aérea Rio-São Paulo, em que as companhias usam o mesmo avião para fazer um bate e volta, atrasou voos e deixou salas de embarque lotadas.

A engenheira Agda Pires contou à reportagem que chegaria a Brasília com quatro horas e meia de atraso, às 18h30. No início da noite, dos 158 voos programados para Congonhas,

74 estavam atrasados. A reportagem mostrou também quais eram os ingredientes para a formação de neblina: frio, muita umidade e pouco vento.

A umidade do ar precisa estar acima de 90% para que o nevoeiro se forme. Vento fraco ou falta de vento, conhecida como calmaria, são outros fatores importantes. O nevoeiro se forma quando o ar mais quente e úmido entra em contato com o solo frio. O resfriamento do ar, devido a transferência de calor para o solo, faz com que o vapor se transforme em pequenas gotículas. Trata-se do processo de condensação, em que o vapor se transforma em pequenas gotículas que ficam suspensas bem perto da superfície da Terra. É como se uma nuvem se formasse perto do chão.

A meteorologista Josélia Pegorim explica que nevoeiro é um termo técnico. Popularmente, o fenômeno pode ser chamado de neblina, cerração ou russo, termo usado pela população do Rio de Janeiro.

Nevoeiro, névoa úmida e névoa seca

A maior diferença entre névoa úmida e nevoeiro está na visibilidade horizontal. Em uma estrada, por exemplo, quando há névoa úmida, um motorista pode enxergar um outro veículo a até 5 km de distância. Quando há nevoeiro, por sua vez, a visibilidade é reduzida para menos de 1 km. Portanto, a névoa úmida prejudica menos a visibilidade.

A névoa seca, também conhecida como bruma seca, é formada por ar com umidade relativa abaixo de 80% carregado de poeira, fumaça e outros poluentes. Ela dá ao horizonte um aspecto amarelo-alaranjado.

	NEVOEIRO	NÉVOA ÚMIDA	NÉVOA SECA
VISIBILIDADE	Abaixo de 1.000 m	Entre 1.000 e 5.000 m	Entre 1.000 e 5.000 m
UMIDADE RELATIVA	100% ou próximo	80% ou mais	Abaixo de 80%
EFEITO	Veem-se objetos a distância com coloração embranquecida	Veem-se objetos a distância com coloração azul-acinzentada	Veem-se objetos a distância com coloração amarelo-alaranjada

Tipos de nevoeiro

Há nevoeiro provocado pelos seguintes tipos de resfriamento: radiativo, advectivo, adiabático ou por adição de vapor de água.

O nevoeiro de radiação ocorre em noites de céu sem nuvens e sem ventos, quando a superfície perde calor para o espaço sideral – a chamada perda radiativa –, a temperatura do ar diminui e o vapor se transforma em pequenas gotículas. Essas pequenas gotículas perto da superfície formam o que chamamos de nevoeiro. Esse tipo de nevoeiro pode atingir entre 10 e 30 m de extensão vertical.

Diz o ditado: neblina que baixa, Sol que racha. Normalmente esse nevoeiro se dissipa entre uma a três horas depois do nascer do Sol.

O nevoeiro de advecção surge quando o ar quente e úmido se resfria ao passar sobre uma superfície fria. O ar quente perde calor até atingir a saturação e formar gotículas.

Ventos entre 10 e 30 km/h são associados ao nevoeiro de advecção. A turbulência do vento contribui para o resfriamento da camada de ar e leva o nevoeiro às alturas. Nevoeiros de advecção costumam ser mais espessos (entre 300 m e 600 m) e mais persistentes que os de radiação.

O nevoeiro orográfico aparece quando o ar úmido sobe um terreno inclinado, como encostas e montanhas. Essa subida faz com que o ar se expanda e se resfrie adiabaticamente, ou seja, apenas diminua sua temperatura devido à redução da sua energia interna. Essa redução é provocada pela própria expansão do ar, sendo assim, não há troca de calor com o ambiente.

Aqui, retomamos o conceito de ponto de orvalho, explicado no capítulo "O caminho para as nuvens". O ponto de orvalho é a temperatura que, em determinada pressão atmosférica, faz o ar se condensar. Simplificando: a temperatura de ponto de orvalho é aquela que o ar tem que atingir para ficar saturado, ou seja, para não aguentar mais determinada quantidade de vapor e assim se condensar, passar do estado de vapor para o estado líquido. Quando ocorre essa mudança de estado, forma-se uma nuvem colada à encosta, reduzindo a visibilidade na superfície. Esse tipo de nevoeiro é muito comum no caminho para o litoral sul de São Paulo, nas rodovias que ligam a capital paulista à Baixada Santista. O nevoeiro de vapor se forma sobre lagos e rios no outono e no início do inverno, quando a água ainda se apresenta um pouco quente. Esse tipo de nevoeiro pode se formar também em dias frios sobre piscinas aquecidas externas.

SAIBA MAIS

São Paulo, ex-terra do nevoeiro

A professora Rachel Ifanger Albrecht, do Departamento de Ciências Atmosféricas do Instituto de Geofísica, Astronomia e Ciências Atmosféricas da USP, traz algumas curiosidades sobre a ocorrência de nevoeiro em São Paulo. Ela conta que na estação meteorológica do IAG/USP, em São Paulo, há uma média de setenta dias de nevoeiro por ano, com maior frequência em junho e julho. Entre 1950 e 1980, a capital paulista tinha uma média de 140 dias com nevoeiro.

A professora explica que essa diminuição se deve à urbanização da cidade. Com o aumento da área asfaltada e das construções, há um aumento da temperatura mínima na madrugada, e, assim, o ar não se resfria o suficiente para a formação de nevoeiro. Portanto, quando lhe disserem que "São Paulo não é mais a terra da garoa" – chuva fina –, rebata dizendo: "São Paulo não é mais a terra do nevoeiro, pois o número de dias com garoa não diminuiu significativamente na capital paulista".

CAPÍTULO 7

Chove chuva

A chuva é um dos fenômenos meteorológicos mais recorrentes na literatura, na música e nas artes. No primeiro capítulo do livro *Memórias póstumas de Brás Cubas*, de Machado de Assis, dona chuva marca presença no enterro do personagem principal.

> "Acresce que chovia – peneirava – uma chuvinha miúda, triste e constante, tão constante e tão triste, que levou um daqueles fiéis da última hora a intercalar esta engenhosa ideia no discurso que proferiu à beira da minha cova: 'Vós, que o conhecestes, meus senhores, vós podeis dizer comigo que a natureza parece estar chorando a perda irreparável de um dos mais belos caracteres que têm honrado a humanidade'."

Quando o assunto é chuva, a música popular brasileira está bem servida de canções e uma das mais lembradas é "Chove chuva", de Jorge Ben Jor. E se Jor cantou a chuva, Tor explicou como a chuva chove. Tor Bergeron foi um meteorologista sueco que, nos anos 1930, descreveu um dos processos de formação da chuva. Porém, antes de dar mais detalhes sobre o chamado processo Bergeron, cabe lembrar aqui as mudanças de estado que a água pode sofrer:

- solidificação: mudança do estado líquido para o sólido;
- fusão: mudança do sólido para o líquido;
- vaporização: mudança do líquido para o gasoso;
- condensação: mudança do gasoso para o líquido;
- sublimação: passagem direta do estado sólido para o gasoso ou do gasoso para o sólido.

Vamos voltar ao processo Bergeron. Ele vale para nuvens frias com temperaturas abaixo de 0 ºC, onde existem cristais de gelo e gotículas de água resfriadas (entre 0 ºC e -40 ºC). O vapor d'água é depositado nos cristais de gelo rapidamente, formando várias camadas. Quando estão suficientemente grandes, esses cristais aglomeram-se, ganham peso e caem. Durante a queda, em contato com o ar mais quente, o aglomerado de cristais vai derretendo até chegar na forma líquida sobre nosso guarda-chuva.

De modo geral, para ter chuva é preciso que as partículas que estão dentro da nuvem (gotinhas + gotinhas, gotinhas + cristais ou cristais + cristais) se juntem e ganhem peso suficiente para precipitar.

Na chuva de granizo, a água se apresenta em estado sólido. O granizo só se forma nas nuvens cumulonimbus, nas quais existem poderosas correntes ascendentes de vento e bastante água resfriada. As correntes ascendentes levam a água para o topo das nuvens, onde é bem frio (temperatura abaixo de 0 ºC). As gotas de água levadas pelo vento ao topo da nuvem congelam-se em contato com os cristais de gelo, tornando-os maiores e mais pesados. Mais "gordinha", a pedra de gelo retorna à base da nuvem, recebe outro empurrãozinho das correntes de vento ascendentes, vai para o topo da nuvem mais uma vez, ganha uma nova camada de gelo, ficando ainda mais pesada. No sobe e desce entre as partes mais baixas e mais altas da nuvem, as partículas vão ganhando camadas adicionais de gelo, até ficarem pesadas a ponto de não serem mais levadas para o alto pelo vento e caem das nuvens em forma de pedra de gelo.

Os flocos de neve, entretanto, são formados apenas pela aglomeração de cristais de gelo e estão presentes em nuvens estratiformes, como as do tipo nimbostratus. Eles só chegam em forma de flocos aqui embaixo se o ar estiver muito frio durante o caminho entre a nuvem e o chão.

Existe também a chamada chuva congelada e a chuva congelante. A primeira se forma a partir do congelamento das gotículas de chuva antes que atinjam a superfície. O floco de neve cai da nuvem, encontra uma camada de ar mais quente, passa para o estado líquido, depois encontra uma camada de ar frio e, finalmente, a gota congela. A chuva congelante é o congelamento das gotículas de chuva diretamente na superfície. Ela também se forma depois do floco de neve ter derretido após atingir temperaturas mais altas, mas o congelamento da gota só ocorre quando ela chega à superfície.

No Brasil neva, vez ou outra, nas serras do Rio Grande do Sul, de Santa Catarina e do Paraná. Também já nevou em pontos isolados dos estados de São Paulo, Minas Gerais e Rio de Janeiro.

Chuva, chuvica, chuvarada

A intensidade da chuva pode ser leve, moderada ou forte. Chuvisco, garoa ou chuvica, como gosto de dizer, são tipos de chuva fraca. Pancadas, temporais e tempestades têm intensidade entre moderada e forte e podem vir em forma de pacote completo – acompanhadas de raios, rajadas de vento e granizo.

Em meteorologia, a queda de chuva, neve ou granizo recebe o nome de precipitação. Há três tipos principais de precipitação: convectiva, frontal e orográfica.

A precipitação convectiva é associada às nuvens cumulus e cumulonimbus e frequentemente vem acompanhada de trovão. Ela é provocada pelo movimento vertical do ar mais quente que o meio ambiente. A massa de ar mais quente é menos densa e, por isso, sobe na atmosfera. Quando o Sol aquece muito a superfície do solo, especialmente no verão, pode desencadear um aguaceiro convectivo.

PRECIPITAÇÃO OROGRÁFICA:
QUANDO O AR SOBE A SERRA, PODE CHOVER

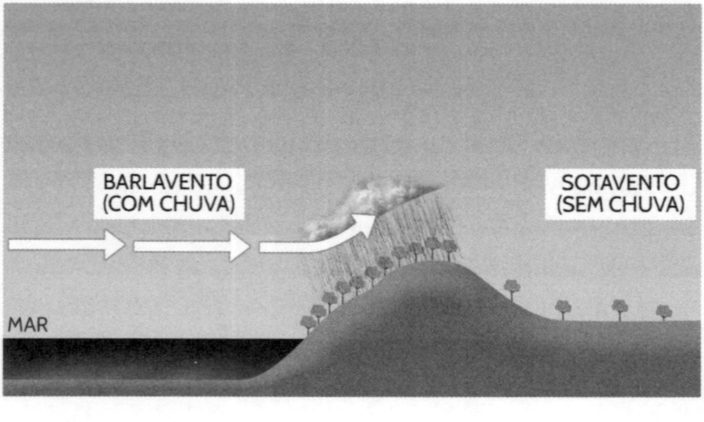

Precipitação orográfica é provocada quando o ar está caminhando horizontalmente e encontra uma barreira de terreno mais elevada, como serras e montanhas. O ar sobe pelas encostas e se resfria, satura e condensa, dando origem a nuvens que produzem chuva a barlavento da montanha – do lado em que o ar sobe. Depois, desce pelo lado oposto, a sotavento, seco, aquecendo-se à medida que desce.

O tamanho da cadeia de montanhas e a maneira como ela está alinhada em relação às nuvens de chuva exercem influência sobre a precipitação. Na região Nordeste, por exemplo, a umidade que o vento traz do mar vai condensando-se e formando nuvens à medida que sobe pela serra do planalto da Borborema. Chove no litoral da região. No lado oposto, no sertão nordestino, o ar desce mais seco e quente.

A precipitação frontal é causada pelo encontro de duas massas de ar: uma fria e outra quente. O ar da massa mais quente é forçado a subir sobre a massa fria. Na subida do ar são formadas nuvens que podem provocar chuva prolongada de intensidade média, cobrindo uma grande área. O encontro e o deslocamento dessas massas de ar ocorrem em grande escala e estão ligados aos sistemas de baixa pressão (ver capítulo "Na pressão"). A baixa pressão, no hemisfério sul, faz o ar se movimentar no sentido horário e subir. Essa "ginástica" favorece a formação de nuvens de chuva.

Frente fria, frente quente e outras frentes

A frente é uma área de transição entre diferentes massas de ar. Quando a massa de ar frio avança sobre a de ar quente, surge a mais famosa das frentes: a frente fria. A largura dela pode variar entre 20 km e 200 km, embora o comprimento chegue a milhares de quilômetros.

O ar frio, que vem na retaguarda da frente, provoca a subida do ar mais quente e mais leve. Com a subida, surgem as nuvens que tendem a produzir chuva e trovoadas. Quando uma frente fria se aproxima, a temperatura aumenta e a pressão do ar diminui. Depois que ela passa, a temperatura cai e a pressão aumenta.

COMPOSIÇÃO DE UMA FRENTE FRIA

Às vezes, a massa de ar frio, que está acompanhando a frente fria, é tão poderosa que causa uma queda enorme de temperatura. Em abril de 2016, depois de vários dias com temperaturas acima da média no Brasil, uma frente fria potente avançou pelo continente e provocou quedas drásticas de temperatura em áreas do centro-sul do país. Veja só o que ocorreu em Campo Grande: às 15 horas do dia 25 de abril, antes da passagem da frente, a temperatura na capital de Mato Grosso do Sul, de acordo com o Inmet, era de 30 °C. No mesmo horário, em 26 de abril, depois da passagem da frente fria, os termômetros registraram 15 °C. Nesse mesmo dia, Campo Grande foi a capital do país com temperatura mínima mais baixa: 13,2 °C.

Quando é a massa de ar quente que avança sobre a massa de ar frio, origina-se a frente quente, que pode alcançar até 1.000 km de largura. Como a massa de ar quente é menos densa que a de ar frio, ela sobe e dá origem a nuvens que podem produzir chuva leve e contínua.

As frentes frias se deslocam com mais rapidez que as quentes. Quando as frentes frias ultrapassam as quentes, e elevam todo o ar quente, entra em cena a chamada frente oclusa. Quando as massas de ar frio e quente estão em equilíbrio, a frente recebe o nome de estacionária – porque não se desloca.

SAIBA MAIS

As montanhas de Minas seguram o frio

A meteorologista Marilei Foss, do Centro Nacional de Monitoramento e Alerta de Desastres Naturais, conta que, no inverno, o deslocamento de frentes frias pela América do Sul pode ser um precursor de eventos de geada. Isso porque, após a passagem de uma frente fria, a massa de ar frio na retaguarda do sistema gera acentuada queda de temperatura e condições meteorológicas favoráveis à ocorrência do fenômeno.

As frentes frias que se deslocam pelo Brasil encontram em seu caminho o Planalto Brasileiro, onde a Serra da Mantiqueira se destaca devido à sua altitude. Em Minas Gerais, ao norte da Serra da Mantiqueira, poucas frentes frias conseguem avançar em direção ao centro do estado (cerca de cinco por ano), enquanto imediatamente para oeste e leste de Minas Gerais um número significativamente maior é registrado anualmente. O que explica a menor frequência de frentes frias no interior de Minas Gerais é o bloqueio gerado pela orografia mais alta da região. O ar frio e seco, que é mais denso e está na retaguarda dos sistemas frontais, tem dificuldade em se elevar pelas encostas íngremes da região serrana. Com isso, a estrutura horizontal e o deslocamento das frentes frias pela região são modificados. Caso não existisse o Planalto Brasileiro, as frentes se deslocariam com facilidade e o ar frio avançaria mais em direção à região central do Brasil.

SAIBA MAIS AINDA

Ao cair um aguaceiro, meteorologistas e apresentadores do tempo costumam informar quantos milímetros choveu. Você sabe como é feito esse cálculo? O chamado índice pluviométrico representa a quantidade de chuva acumulada por metro quadrado.

O pluviômetro é o aparelho que mede a altura da camada (lâmina) de água gerada pela chuva que caiu em uma área de 1 m^2.

Ao informar que choveu 15 mm em determinada área, estamos dizendo que em uma área de 1 m^2 a lâmina de água formada pela chuva apresenta uma altura de 15 mm. Considerando que cada milímetro de chuva acumulado em 1 m^2 equivale a 1 litro de água, temos então 15 litros de chuva por metro quadrado.

Quanto maior for o volume acumulado no intervalo de tempo, maior terá sido a intensidade da chuva.

Os milímetros de chuva são estimados por uma rede de estações meteorológicas de superfície que utilizam o pluviômetro.

Ao analisar os registros de várias estações, pode-se chegar à média de chuva em determinada região.

Arco-íris, o divino arco

Arco-íris, arco-da-aliança, arco-da-velha... Íris, por causa da deusa grega de pés velozes, mensageira de Zeus e de Hera. Da aliança, por referir-se ao elo entre Deus e suas criaturas, como mostra o livro bíblico Gênesis. Da velha, também por tratar-se do arco que é descrito no Velho Testamento, ou seja, na velha lei.

"Estabeleço uma aliança com vocês: Nunca mais será ceifada nenhuma forma de vida pelas águas de um dilúvio; nunca mais haverá dilúvio para destruir a terra."

E Deus prosseguiu: "Este é o sinal da aliança que estou fazendo entre mim e vocês e com todos os seres vivos que estão com vocês, para todas as gerações futuras: o meu arco que coloquei nas nuvens. Será o sinal da minha aliança com a terra". (Gênesis 9:8-13)

Na cultura iorubá, Oxumarê é o deus africano do arco--íris. Para interromper uma tempestade persistente, o orixá, fez um grande corte em forma de arco no céu.

"Desde então, quando chove em demasia, Oxumarê risca o céu com seu punhal de bronze...

Quando isso acontece, todos podem ver o belo príncipe no céu, vestido com suas roupas multicoloridas. Todos podem vê-lo na forma de arco-íris" (*Oxumarê, o arco-íris: mais histórias dos deuses africanos que vieram para o Brasil com os escravos.* Reginaldo Prandi. São Paulo: Companhia das Letrinhas, 2004)

Como surge o arco-íris

O ditado diz: Sol e chuva casamento de viúva, mas a verdade é que esta união pode resultar em um belo arco-íris.

© Agostinho Moura

Oxumarê

É a interação da luz do Sol com as gotas de chuva que origina o arco-íris. Dentro da gota, a luz sofre refração (mudança de direção) e reflexão. Quando a luz branca refrata-se, ela se decompõe em um feixe de raios de diferentes cores. Foi o cientista Isaac Newton que percebeu que a luz branca é composta por diversas cores. Newton colocou um prisma de vidro em um quarto escuro, onde havia um pequeno buraco para a luz entrar. Ao passar pelo prisma, o raio de Sol se decompunha nas cores do arco-íris, como na imagem da capa do histórico vinil "The Dark Side of the Moon", da banda Pink Floyd. Já a reflexão é aquela do espelho, na qual a luz bate e volta. É por causa da reflexão que só vemos o arco-íris quando estamos entre o Sol e a chuva. Portanto, quando você avistar um arco-íris, preste atenção: o Sol estará atrás de você. O Sol sempre está atrás de quem observa o arco-íris e a chuva fica entre o observador e o arco. Quanto mais alto o Sol estiver, menor será o arco. Também é possível observar o arco-íris nas águas de uma cachoeira e do esguicho de uma mangueira. Quando raios de luz refletem-se e refratam-se (desviam) várias vezes, saindo de gotículas de chuva em diferentes ângulos, dão origem a um segundo arco-íris com cores mais fracas. É o chamado duplo arco-íris.

SAIBA MAIS

O arco-íris foi estudado por grandes nomes como o filósofo grego Aristóteles (384-322 a.c), o cientista inglês Roger Bacon (1214 a 1294), o monge alemão Theodoric de Freiberg (1250-1310), o filósofo francês René Descartes (1596-1650) e o Inglês Isaac Newton (1643-1727).

- Newton observou 7 cores: vermelho, laranja, amarelo, verde, azul, índigo e violeta.
- Um dos trabalhos mais recentes sobre o arco-íris é do físico brasileiro Moysés Nussenzveig que desenvolveu uma complexa teoria sobre o arco multicolorido.

CANTANDO NA CHUVA

Chove chuva, chove sem parar
    ("Chove chuva", de Jorge Ben Jor)

Hoje longe, muitas léguas
Numa triste solidão
Espero a chuva cair de novo
Pra mim voltar pro meu sertão
    ("Asa branca", de Humberto Teixeira e Luiz Gonzaga)

Ô chuva, vem me dizer
Se posso ir lá em cima pra derramar você
Ô chuva, preste atenção
Se o povo lá de cima vive na solidão
    ("Segue o seco", de Carlinhos Brown)

Senhora das chuvas de junho
Senhora de tudo dentro de mim
Rainha dos raios, rainha dos raios
Rainha dos raios, tempo bom, tempo ruim
    ("Iansã", de Caetano Veloso e Gilberto Gil)

Gotas de água da chuva
Alegre arco-íris sobre a plantação
Gotas de água da chuva
Tão tristes, são lágrimas na inundação
    ("Planeta água", de Guilherme Arantes)

Meu corpo viraria Sol
Minha mente viraria ar
Mas só chove, chove
Chove, chove
(“Primeiros erros”, de Kiko Zambianchi,
cantada pelo Capital Inicial)

A chuva cai lá fora
Você vai se molhar
Já lhe pedi, não vai embora
Espere o tempo melhorar
(“A chuva cai”, de Argemiro e Casquinha,
da velha guarda da Portela)

Deixa pintar o entardecer
E o Sol brincar de se esconder
Tarde e chuva eu fico mais fogosa
(“Tá perdoado”, de Arlindo Cruz e Franco,
cantada por Maria Rita)

Olho para a chuva que não quer cessar
Nela vejo o meu amor
Esta chuva ingrata que não vai parar
Pra aliviar a minha dor
(“O ritmo da chuva”, de John Gummoe, do grupo
The Cascades, cantada pelos Los Hermanos)

Chuva no telhado
Vento no portão
E eu aqui
Nesta solidão...
(“Temporal de amor”, de Cecilio Nena, cantada
por Leandro e Leonardo)

Chove, mas como chove
Chuva, chuvisco, chuvarada
Por que é que chove tanto assim?
(...)
Quando chove
A terra fica molinha
A planta fica verdinha
E eu fico todo molhado
    ("Chuva, chuvisco, chuvarada",
    de Hélio Ziskind)

I'm singin' in the rain
[Eu estou cantando na chuva]
    ("Singin' in the rain", de Arthur Freed e Nacio
    Herb Brown, imortalizada por Gene Kelly no
    famoso filme *Cantando na chuva*)

Purple rain, purple rain
[Chuva púrpura, chuva púrpura]
Purple rain, purple rain
    ("Purple rain", de Prince)

Não há um dia de Sol
Uma noite de chuva não há
Se Maria Júlia não passar
Nenhuma gota d'água no céu
Nenhum arco-íris no olhar
Se Maria Júlia não passar
    ("Tempo firme", Jarbas Bittencourt)

CAPÍTULO 8

Ó, raios!

Era uma vez uma deusa chamada Palas, um guerreiro chamado Ájax e uma princesa chamada Cassandra. Palas era a deusa da sabedoria, filha predileta de Zeus, senhor do Olimpo. Ájax lutou na guerra de Troia e, diz uma das lendas, desrespeitou Palas ao invadir seu templo para capturar a princesa Cassandra, que se refugiou junto à estátua da deusa. Ambas foram arrastadas pelo guerreiro, o que teria deixado Palas furiosa. E quando um deus grego ficava bravo, já viu, né? Palas, como boa filha de Zeus, também conhecido como o deus do trovão, vingou-se lançando raios sobre o navio de Ájax durante o retorno da esquadra grega. Nos versos da peça *Agamêmnon*, o filósofo Sêneca nos mostra a face tempestuosa da deusa:

> [...] Palas, do raio armada
> de Jove iroso, tenta, minaz, quanto pode
> não com sua lança, ou com a égide e a fúria
> gorgônea, mas com o fogo paterno; e do céu
> sopram novas procelas. Só e invicto, Ájax
> luta contra os reveses. Ao colher suas velas,
> preso o cabo, uma chama caindo o roçou.

Outro raio é lançado: este, com todo ímpeto,
Palas, recuada a mão, certeiro despediu,
à imitação do pai. Cruzou Ájax e o barco
e consigo levou parte do barco e de Ájax.

[Sêneca, *Agamêmnon*. Tradução, introdução, posfácio e notas de J. E. S. Lohner. São Paulo: Ed. Globo, 2009.]

Em poder de deuses e de heróis, raios viravam lanças, flechas, martelos. Eram objetos usados, principalmente, para punir a humanidade arrogante. Foi uma das maneiras que o homem encontrou para explicar o fenômeno.

No século XVIII, o cientista norte-americano Benjamin Franklin demonstrou que os raios são um fenômeno de natureza elétrica. Na definição do Inmet, o raio é "uma descarga súbita e visível de eletricidade produzida em resposta à intensificação da atividade elétrica existente entre nuvem e solo, entre duas ou mais nuvens, dentro de uma única nuvem, ou entre uma nuvem e a atmosfera".

Segundo Osmar Pinto Júnior, coordenador do Grupo de Eletricidade Atmosférica do Inpe, o Elat, a intensidade média de um raio é de 30 mil ampères, o equivalente a mil vezes a intensidade de um chuveiro elétrico. Em geral, o raio pode durar dois segundos, mas, normalmente, se mantém por frações de segundo: de meio a um terço de segundo e a descarga percorre algo em torno de 5 km de distância. De acordo com a Organização Meteorológica Mundial (OMM), a maior duração de um raio já registrada foi de 7,74 segundos, e o raio com maior comprimento foi de 321 km.

Como eles nascem

Tudo ocorre violenta e rapidamente em nuvens de tempestade que estão entre 2 km e 20 km de altitude, onde a temperatura varia de 10 °C a - 80 °C. Essas nuvens contêm gotículas de chuva ainda líquidas, cristais de gelo e granizo. De forma simplificada, o ar agitado dentro das nuvens faz com que os cristais de gelo e o granizo se movimentem em várias direções, chocando-se e trocando cargas positivas e negativas. Nesses choques, os granizos tendem a ficar carregados negativamente e os pequenos cristais, positivamente. Como o granizo é mais pesado, e sofre influência da gravidade, se acumula na parte mais baixa da nuvem. Correntes de ar mantêm os cristais de gelo na parte de cima, deixando o topo da nuvem mais positivo. São formados, assim, dois grandes centros de carga, um negativo abaixo e um positivo acima, aumentando o campo elétrico dentro da nuvem, e o ar que circula entre as cargas torna-se condutor de energia, permitindo que ocorra uma forte descarga elétrica.

O trovão é a voz grave do raio. É o som produzido em razão do aquecimento brusco e da rápida expansão do ar na atmosfera, onde a corrente elétrica do raio circula. Na linguagem popular, o relâmpago é o brilho do aquecimento brusco do ar.

Tipos

Cerca de 80% dos raios ocorrem dentro da nuvem; os 20% restantes que atingem o solo são os chamados raios nuvem-solo. Existem também os raios solo-nuvem ou raios ascendentes, mas são raros. Eles têm origem em estruturas altas, como montanhas, torres de TV e de celular, e caminham em direção às nuvens. A meteorologista Rachel Ifanger Albrecht, professora do Departamento de Ciências Atmosféricas do Instituto de Astronomia, Geofísica e Ciências Atmosféricas da USP, explica que esse tipo de raio ocorre porque estruturas

FORMAÇÃO E TIPOS DE RAIOS

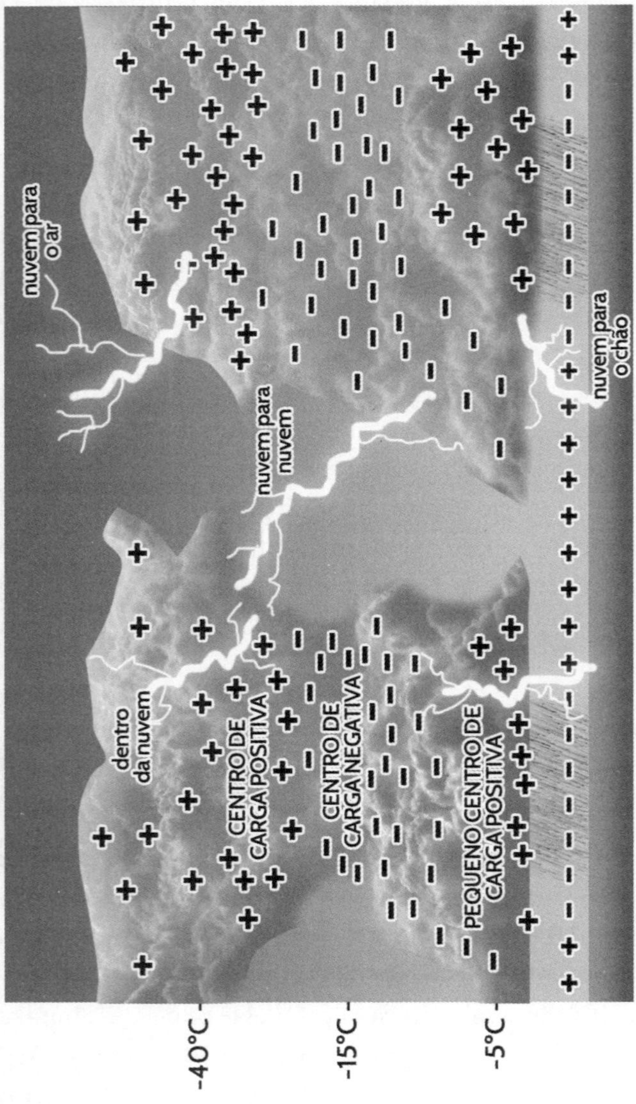

altas modificam o campo elétrico próximo ao solo, intensificando-o perto de pontos mais altos – é o chamado efeito de pontas. Quando uma tempestade se avizinha, o campo elétrico se torna mais intenso e acumula cargas elétricas livres na ponta dos objetos altos, que são descarregadas em direção à nuvem daquela tempestade que se aproxima.

O raio na nuvem pode se propagar dentro da própria nuvem em que se originou, sendo chamado de raio intranuvem. Ou pode rumar em direção a outra nuvem, quando, então, recebe outro nome: raio nuvem-nuvem. Existem também os raios que resolvem brilhar fora da nuvem numa direção qualquer. Estudiosos dizem que os raios dentro das nuvens são os primeiros a dar o ar da graça em uma tempestade.

O Elat do Inpe classifica os raios esféricos como raros. Consistem numa esfera luminosa que ocorre perto das tempestades, embora não simultaneamente a um raio comum. Eles podem emitir uma luz vermelha, amarela, laranja, azul ou branca. Aparecem perto do solo e podem se mover, produzir ou não som.

O Brasil é considerado o país campeão mundial em incidência de raios: são 108 milhões, de acordo com um estudo recente da meteorologista Rachel Ifanger Albrecht em parceria com pesquisadores americanos. A alta concentração de descargas elétricas tem a ver com o fato de o país ser o maior da zona tropical do planeta, onde o clima mais quente favorece a formação de nuvens de tempestade. Segundo o Elat, uma em cada cinquenta mortes por raios no mundo ocorre no Brasil. Os estados com mais mortes são: São Paulo (263), Minas Gerais (129), Rio Grande do Sul (127), Pará (121), Mato Grosso do Sul (103), Goiás (100), Mato Grosso (97), Paraná (90), Amazonas (84) e Tocantins (71). Esses são dados compilados pelo Elat entre 2000 e 2014.

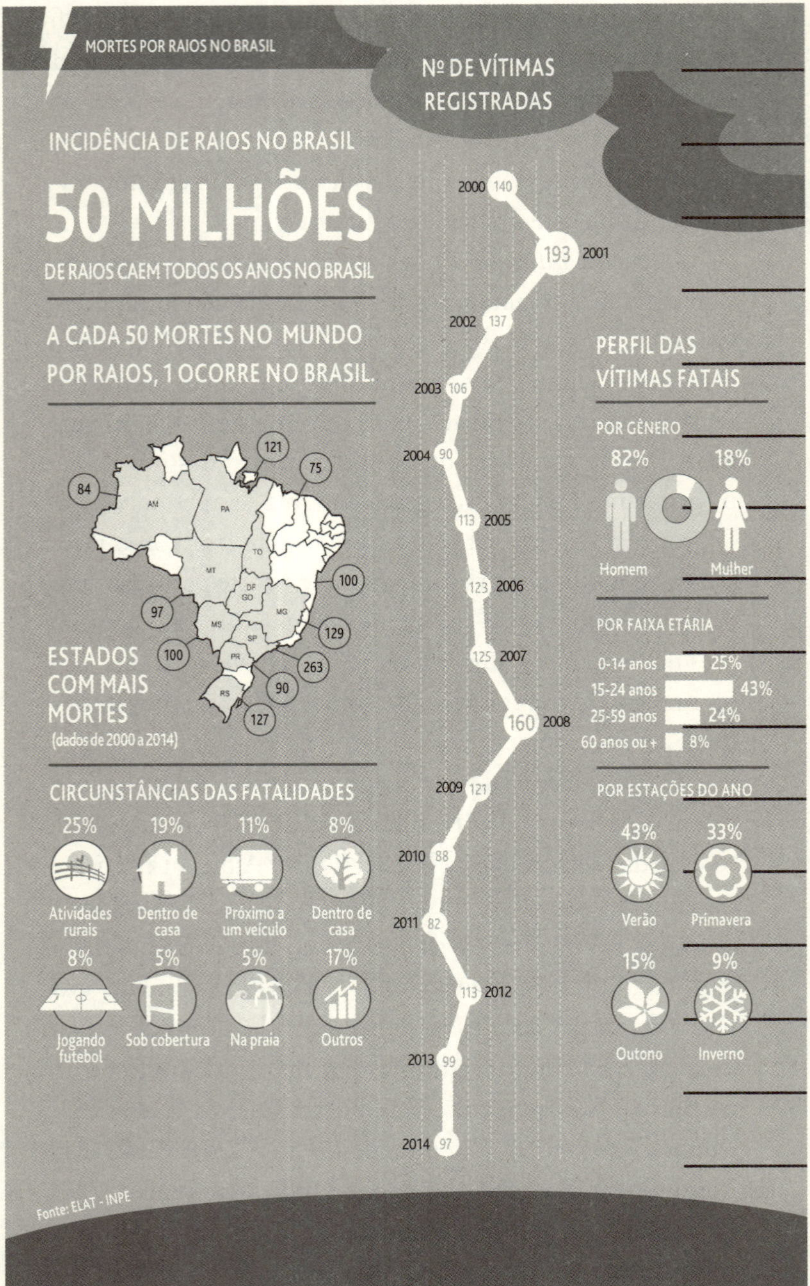
MORTES POR RAIOS NO BRASIL
Nº DE VÍTIMAS REGISTRADAS
INCIDÊNCIA DE RAIOS NO BRASIL
50 MILHÕES
DE RAIOS CAEM TODOS OS ANOS NO BRASIL
A CADA 50 MORTES NO MUNDO POR RAIOS, 1 OCORRE NO BRASIL.
AM
PA
TO
MT
DF
GO
MG
MS
SP
PR
RS
121
75
84
100
97
129
100
263
90
127
ESTADOS COM MAIS MORTES
(dados de 2000 a 2014)
CIRCUNSTÂNCIAS DAS FATALIDADES
25%
Atividades rurais
19%
Dentro de casa
11%
Próximo a um veículo
8%
Dentro de casa
8%
Jogando futebol
5%
Sob cobertura
5%
Na praia
17%
Outros
2000 140
193 2001
2002 137
2003 106
2004 90
113 2005
123 2006
125 2007
160 2008
2009 121
2010 88
2011 82
113 2012
2013 99
2014 97
PERFIL DAS VÍTIMAS FATAIS
POR GÊNERO
82%
18%
Homem
Mulher
POR FAIXA ETÁRIA
0-14 anos 25%
15-24 anos 43%
25-59 anos 24%
60 anos ou + 8%
POR ESTAÇÕES DO ANO
43%
Verão
33%
Primavera
15%
Outono
9%
Inverno
Fonte: ELAT - INPE

Justamente três dias antes de 2014 terminar, quatro pessoas de uma mesma família entraram para as estatísticas. Elas foram atingidas por um raio em Praia Grande, no litoral sul de São Paulo, onde passavam férias. O guarda-sol sob qual o grupo se abrigou durante a tempestade pode ter atraído a descarga elétrica A maioria das fatalidades é registrada no campo (25%). Em seguida, há as fatalidades dentro de casa (19%), perto de um veículo (11%), embaixo de árvores (8%), no campo de futebol (8%), sob coberturas (5%), na praia (5%), em outras situações (19%).

O risco de uma pessoa ser atingida diretamente por um raio é menor que um para 1 milhão. Porém, se a pessoa estiver debaixo de uma tempestade forte numa área descampada, a probabilidade aumenta de um para mil. Um raio que atinge diretamente o corpo de uma pessoa pode ser mortal, porém essa ocorrência é rara. O mais comum são mortes associadas a outras circunstâncias: como o raio que atinge um guarda-sol e eletrocuta quem estava embaixo do objeto. A maioria das mortes de pessoas atingidas por raio é por parada cardíaca e respiratória. A descarga elétrica pode causar queimaduras no corpo.

A temporada de raios no país varia de acordo com a região. No Norte e no Sul o auge é na primavera; no Nordeste, no outono; no restante do Brasil, no verão.

Já para dentro

"When thunder roars, go indoor" é o ditado em inglês que dá a principal dica para se proteger contra raios: "Quando trovejar, é hora de entrar". O Elat elaborou uma cartilha com algumas dicas de segurança:

- Se você trabalha no campo e viu que a tempestade está chegando, abrigue-se em casa.

- Metrôs, túneis, abrigos subterrâneos são ótimos refúgios.
- Nada de ficar perto de carros, tratores. Nem pense em andar de moto ou de bicicleta.
- Nada de buscar proteção embaixo de árvores e guarda-sóis. É loucura! Na hora da tempestade, pare a partida de futebol ao ar livre e saia da praia.
- Uma opção segura é ficar dentro de um veículo com as portas e as janelas fechadas, sem tocar a lataria até a tempestade passar.
- Na rua, evite: segurar objetos metálicos longos, como varas de pesca, tripés e tacos de golfe, empinar pipas ou andar a cavalo.
- Dentro de casa, evite: usar telefone com fio, ficar próximo de tomadas e canos, janelas e portas metálicas.
- Se estiver longe de um abrigo e sentir os pelos arrepiarem ou a pele coçar, pode ser sinal que um raio está prestes a cair. A recomendação é ajoelhar-se, curvar-se para a frente, colocando as mãos nos joelhos e a cabeça entre eles. Não deite no chão, pois você diminui a altura e a área exposta ao raio colocando-se em posição fetal. Ao ficar em pé em uma área descampada, você se torna o objeto mais alto da referida área e comprova o "poder das pontas", a capacidade de corpos se descarregarem pelas extremidades, onde as cargas elétricas tendem a se acumular. É o princípio dos sistemas de para-raios.

SAIBA MAIS

A cada segundo ocorrem 44 descargas elétricas na atmosfera, quase 4 milhões por dia. A maioria delas acontece dentro das nuvens. Apenas 20% chegam ao solo. E os raios têm lá as suas preferências.

A África é o destino número um quando levamos em conta a densidade de ocorrências (raios por km^2), e não números absolutos. Trata-se da região onde há a maior incidência de raios no planeta, segundo levantamento que mapeou os quinhentos pontos do globo com o maior número de raios. O estudo de autoria da meteorologista Rachel Albrecht em parceria com pesquisadores americanos aponta que 283 dos 500 pontos com maior incidência de raios estão no continente africano. A Ásia concentra 87 locais, a América do Sul, 67, a América do Norte, 53, e a Oceania, 10.

A República Democrática do Congo, com seus 2,3 milhões de km^2, é o país com maior densidade de raios do mundo. Nos céus congoleses se formam 95 milhões de descargas elétricas por ano. Porém, quase quatro vezes maior que o Congo, o Brasil é o campeão mundial em número absoluto de raios: são 108 milhões de descargas elétricas na atmosfera por ano, apesar de ocupar a 191ª posição no ranking mundial, que leva em conta a densidade de raios em pontos localizados.

A região brasileira com maior densidade fica a noroeste de Manaus, no meio da floresta Amazônica, onde ocorrem 68 raios por km^2 por ano.

Um lago na Venezuela

O lugar com a maior densidade de raios do mundo é o lago de Maracaibo, no oeste da Venezuela. O lago, com 13.000 km^2, totaliza 3 milhões de raios por ano. A meteorologista Rachel Albrecht diz que a convergência da brisa noturna é a principal explicação para a grande frequência de raios no lago venezuelano. O fenômeno ocorre por se tratar de um lago enorme cercado por um relevo muito acidentado. Durante o dia, o continente se aquece com muito mais rapidez que a água do lago e o vento sopra na direção lago-continente. À noite, a brisa muda de rumo, e as montanhas e o continente se resfriam antes do lago, convergindo sobre um lago quente e úmido. As águas mais quentes do Maracaibo levam umidade para a atmosfera. O vapor vai se condensando ao subir e forma as nuvens de tempestade profundas que carregam o tal do pacote completo: granizo, gotas de chuva, água quase congelada, cristais de gelo. Tudo isso, colidindo inúmeras vezes dentro da nuvem, provoca a troca de cargas elétricas, faz o campo de eletricidade aumentar, formando, assim, os raios. Essas tempestades não são as mais intensas do mundo, afirma a professora Rachel. O fato de elas acontecerem cerca de trezentos dias por ano sobre esse mesmo lago é o que leva o local a ser considerado o de maior incidência de raios no mundo.

SAIBA MAIS AINDA

- Para descobrir a distância aproximada em quilômetros da queda de um raio é preciso saber quantos segundos se passaram entre o momento em que você viu o relâmpago e escutou o som do trovão e dividi-los por três. Isso porque o som do trovão demora um bom tempo para ser ouvido depois que o raio brilhou no céu.
- Pesquisas indicam que tem crescido a incidência de raios em áreas urbanas por causa do aumento da temperatura (o fenômeno da ilha de calor) e da poluição nos centros urbanos.

- Contrariando a lenda, um raio pode, sim, cair mais de uma vez no mesmo local. Basta observar a grande incidência de raios no lago de Maracaibo. O Cristo Redentor, no Rio de Janeiro, é atingido anualmente por seis raios, aproximadamente.
- Raios iluminam os céus de outros quatro planetas do Sistema Solar: Vênus, Júpiter, Saturno e Urano.
- Raios podem atingir aeronaves em voo, mas não causam danos, pois a fuselagem acaba atuando como uma blindagem às descargas elétricas, porque a maior parte dela é feita de metal, um bom condutor. Assim, a eletricidade contornará a fuselagem por fora antes de chegar ao solo, deixando passageiros e tripulantes seguros e os sistemas da aeronave intactos.

CAPÍTULO 9

Tornados: colunas de ar que giram

Vinte anos foi o tempo que Deonir Comin ficou longe de Tamires Comin. Vinte dias depois de se reaproximarem, um tornado separou definitivamente pai e filha. Era 20 de abril de 2015, um dia antes de Deonir completar 48 anos. A festa para comemorar o aniversário e a saída de Comin da clínica de reabilitação de dependentes de álcool já estava combinada, mas os ventos não sopraram a favor. Eles atingiram Xanxerê, no oeste de Santa Catarina, a uma velocidade em torno de 180 km/h. Em menos de cinco minutos, a ventania provocada pelo tornado derrubou torres de energia, virou carros, destelhou casas e botou no chão o barracão da empresa de logística onde Deonir trabalhava como auxiliar de armazenagem. Ele foi atingido por uma viga e morreu. Outras três pessoas morreram no município, 120 ficaram feridas e 2,6 mil casas foram danificadas.

O tornado de Xanxerê foi considerado moderado, nível EF2, segundo o ranking de classificação da escala Fujita, que mede a intensidade dos tornados levando em conta os estragos causados por eles. A classificação varia entre EF0, com velocidade do vento a partir de 104,60 km/h, a EF5, em que os ventos podem ultrapassar os 321,86 km/h.

ESCALA FUJITA	
Classificação	Velocidade dos ventos
EF0	104,60 a 136,79 km/h
EF1	138,40 a 177 km/h
EF2	178,63 a 217,26 km/h
EF3	218,87 a 265,54 km/h
EF4	267,15 a 321,86 km/h
EF5	Maior que 321,86 km/h

O tornado é uma coluna de ar giratória que pode chegar, em alguns casos, a mais de 2 km de diâmetro. A maior parte dos tornados no hemisfério Sul se movimenta de noroeste para sudeste.

A receita do tornado leva sempre:

- uma porção de nuvem cumulonimbus com correntes de ar ascendentes (que sobem) e descendentes (que descem);
- alta umidade do ar;
- diferença da temperatura do ar na horizontal e na vertical;
- cisalhamento do vento: variação vertical ou horizontal, na velocidade, na direção do vento, ou em ambas.

MODO DE PREPARO:

- O cisalhamento cria uma espécie de cilindro de ar giratório na posição horizontal.
- As correntes de ar ascendentes, que existem na nuvem, mudam o cilindro de posição – ele passa da horizontal para a vertical.
- As correntes de ar descendentes fazem com que a rotação do cilindro se concentre perto da base da nuvem.
- As correntes ascendentes entram em ação novamente e esticam o cilindro de ar para cima, fazendo com que ele gire com maior intensidade.
- Ao tocar o solo, o cilindro giratório recebe o nome de tornado. Quando toca a superfície da água, é chamado tromba d'água.

RECEITA DE TORNADO

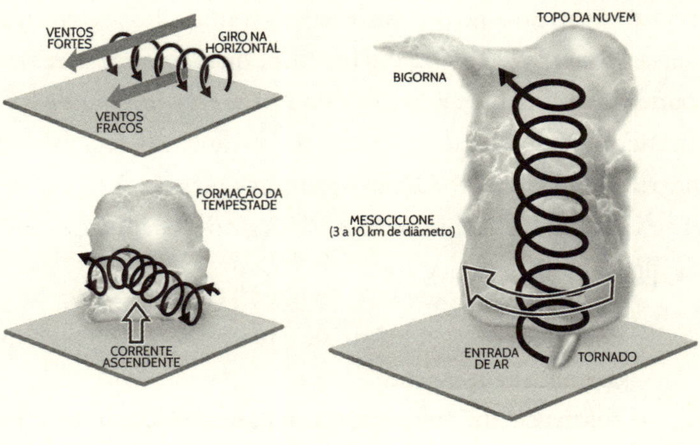

Todo esse processo é semelhante ao que acontece com um patinador quando quer fazer seu corpo girar mais rápido em cima dos patins. O patinador começa girando com o corpo abaixado e os braços bem abertos para logo em seguida levantar, esticar para cima o corpo e unir os braços, o que o fará girar muito mais rápido. As correntes ascendentes realizam o papel de "esticar" para cima o cilindro de ar giratório.

O Laboratório Nacional de Tempestades Severas, nos Estados Unidos, informa que o sul da América do Sul é possivelmente a segunda região do mundo com maior probabilidade de ocorrência de tornados. Os Estados Unidos ocupam o primeiro lugar no ranking. O corredor de tornados brasileiro compreende Rio Grande do Sul, Santa Catarina, Paraná, São Paulo e Mato Grosso do Sul. Também estão na rota dos tornados o centro e o norte da Argentina, o sul da Bolívia, o Paraguai e o Uruguai. Nessas áreas, ocorre o choque entre as massas de ar frio da Patagônia e os ventos úmidos e quentes que sopram da Amazônia e do oceano Atlântico – encontro ideal para a formação de tempestades severas que geram os tornados. É preciso levar em conta também o relevo desses locais, mais plano e rebaixado, que favorece o deslocamento do fluxo de ar.

Como os tornados são muito comuns no meio-oeste norte-americano, a NOAA, sigla em inglês de Agência de Administração Oceânica e Atmosférica dos Estados Unidos, dá algumas dicas de segurança:

- dentro de casa, abrigar-se em um cômodo ou um corredor sem janelas;
- dentro de um carro, permanecer sentado, com o cinto de segurança atado, curvar-se, deixando a cabeça abaixo da janela do veículo e cobrindo a cabeça com as mãos ou com uma coberta.

Downburst, a bomba de ar

Chama-se *downburst* o ar que se solta da base da nuvem, cai no solo com força e se espalha em várias direções. Quem descobriu esse fenômeno foi o cientista nipo-americano Tetsuya Theodore Fujita (1920-1998), também conhecido como Sr. Tornado, por ter criado a escala que classifica os tornados. Porém, muitos dizem que a maior contribuição do Sr. Tornado para a ciência foi a descoberta do *downburst*. Dr. Fujita notou que o vento do *downburst* cai em linha reta, divergindo (afastando-se), enquanto o vento do tornado gira e converge (aproxima-se).

Essa "bomba de ar" estoura quando há uma intensa evaporação da água da chuva que cai da nuvem, ou um derretimento rápido dos cristais de gelo que estão dentro dela. Dependendo do tamanho, um *downburst* pode ser considerado um *microburst* (microexplosão) ou um *macroburst* (macroexplosão). As microexplosões podem durar entre cinco e quinze minutos e atingir uma área de até 4 km de diâmetro. Os ventos de uma microexplosão chegam ao chão a mais de 100 km/h.

Em 15 de abril de 2016, duas microexplosões atingiram os municípios catarinenses de Ponte Alta do Norte e Porto União e deixaram um saldo de quatro mortos, destelhamentos de casas e queda de árvores.

As macroexplosões atingem área de mais de 4 km de diâmetro e podem durar meia hora. Existem também as explosões secas e as molhadas. As primeiras derivam de tempestades com pouco volume de chuva. As outras surgem de tempestades com volume de chuva razoável, acompanhadas de granizo.

É possível prever o local exato da ocorrência de *downbursts* ou tornados com muita antecedência? A resposta é não. Tais fenômenos só são registrados poucas horas ou minutos antes de ocorrerem. Pode-se, apenas, avisar se há condições favoráveis para o surgimento de tornados e microexplosões. Quando há cumulonimbus no pedaço, tudo pode ocorrer, pois a severidade está no ar.

Furacão 2016: pense no Haiti, reze pelo Haiti

No início da segunda semana de outubro de 2016, o Haiti começava a enterrar mortos em valas comuns, depois da passagem do furacão Matthew, que até aquele momento tinha deixado mais de mil mortos no país do Caribe.

O furacão chegou ao Haiti com ventos de 230 km/h, provocou chuvas torrenciais, deixou muitos bairros inundados e destruiu milhares de casas. Tudo isso apenas seis anos depois de o país mais pobre das Américas ter sido arrasado por um terremoto.

A rota do furacão Matthew foi esta:

25/09 - começou a ser monitorado como distúrbio tropical a sudoeste de Cabo Verde

28/09 - foi elevado à categoria de tempestade tropical e próximo a Barbados recebeu o nome Matthew

29/09 - tornou-se furacão categoria 1 ao norte da Venezuela

30/09 - atingiu o pico de desenvolvimento categoria 5 na divisa entre Venezuela e Colômbia

04/10 - chegou ao Haiti e a Cuba como categoria 4

06/10 - passou pelas Bahamas como categoria 3

07/10 - passou pela costa da Flórida como categoria 3

08/10 - atingiu a costa da Carolina do Sul como categoria 2

09/10 - tornou-se ciclone pós-tropical próximo à costa da Virgínia

10/09 - dissipou-se sobre o oceano na altura da costa da Virgínia

Furacões e tornados podem ser considerados os fenômenos meteorológicos mais violentos que existem. Muita gente os confunde. Mas agora é hora de acabar com a confusão: furacão é furacão e tornado é tornado.

Vejamos algumas diferenças entre eles. O furacão tem diâmetro de várias centenas de quilômetros. O tornado raramente atinge mais que um quilômetro de diâmetro. O furacão pode durar dias. O tornado, tipicamente, dura minutos e em geral se forma em terra firme. O furacão forma-se sempre sobre águas quentes dos oceanos. Como o maior aquecimento das águas ocorre entre os Trópicos de Câncer e de Capricórnio, em zonas tropicais, o furacão é classificado como ciclone tropical. O tufão é o nome dado ao ciclone tropical intenso no oceano Pacífico Noroeste, principalmente no sul da Ásia e na parte ocidental do oceano Índico. Já o furacão é um ciclone tropical formado no oceano Atlântico Norte, no Pacífico Nordeste. Até o momento, houve apenas um único registro no Atlântico Sul: o furacão Catarina, que atingiu parte da região Sul do Brasil em 2004.

Para um furacão surgir são necessários os seguintes ingredientes:

- águas oceânicas com temperatura acima de 26 °C;
- centro de baixa pressão intenso;
- evaporação das águas da superfície do oceano;

- condensação do vapor;
- rotação da Terra, já que o giro ciclônico do furacão é originário da rotação da Terra.

MODO DE PREPARO:

- A água do oceano vira vapor e alimenta a formação das nuvens pelo processo de condensação. A condensação em grandes quantidades aquece muito o ar e como consequência uma região de baixa pressão se forma próximo à superfície do mar. Sobe com o ar aquecido por contato com ela. Com a subida do ar, surge então uma região de baixa pressão, próximo à superfície do mar. Começa, assim, uma reação em cadeia. A queda de pressão acentua os ventos em superfície, que, por sua vez, aumentam a evaporação da água da superfície do mar, alimentando a formação de mais nuvens. Esse ciclo se repete, os ventos vão ficando cada vez mais intensos, formando uma cadeia de nuvens e de ar em movimento. O furacão ganha, dessa maneira, aquela cara de redemoinho gigante.
- Os ventos podem circular a uma velocidade de até 249 km/h. Porém os ventos no centro desse fenômeno, o chamado olho do furacão, são fracos, e as condições de tempo, amenas. A razão para isso é que a queda da pressão atmosférica aumenta a velocidade dos ventos com mais eficiência nas partes externas do furacão.
- Para a maior parte das atividades humanas, o poder destrutivo de um furacão será mais sentido quando os seus ventos se aproximam do litoral. Tudo vai depender da velocidade deles. A escala Saffir-Simpson classifica

os furacões em cinco categorias. A primeira engloba furacões com ventos entre 119 km/h e 153 km/h. A categoria 5 agrupa furacões com ventos acima de 249 km/h. Os furacões costumam perder velocidade logo após atingirem a região costeira e dissipam-se após avançar pelo interior.

Anatomia de um furacão

Catarina - o único furacão em águas do Atlântico Sul

O furacão Catarina deu um baile nos meteorologistas. Somente um ano depois da sua passagem entre o litoral de Santa Catarina e do Rio Grande do Sul, pesquisadores brasileiros e instituições internacionais classificaram o Catarina como um furacão.

O Catarina formou-se entre os dias 27 e 28 de março de 2004. Um sistema de baixa pressão que estava no norte da Argentina deslocou-se para o mar e gerou um ciclone extratropical a 440 quilômetros da costa brasileira. Porém, em vez de fazer o caminho natural dos ciclones extratropicais do Atlântico Sul e afastar-se cada vez mais da costa, ele fez o caminho inverso e começou a voltar para o continente. Nesse processo, o ciclone extratropical foi ganhando, aos poucos, a aparência de um ciclone tropical, adquirindo um núcleo com um olho bem definido, típico de um furacão.

Ele foi considerado um furacão categoria 1, com ventos de mais de 150 km/h. O Catarina devastou principalmente o sul de Santa Catarina: matou onze pessoas, feriu 518, deixou 27 mil famílias desabrigadas, danificou 36 mil casas e arrancou 115 árvores pela raiz.

SAIBA MAIS

A palavra furacão teve origem com os maias, povo que habitava a América Central antes da chegada dos espanhóis. Segundo a mitologia maia, Huracan era o nome do deus das tempestades. A palavra foi absorvida pelos espanhóis e deu origem ao termo furacão.

Em função da necessidade de identificar o fenômeno para a emissão de previsões e alertas, utilizam-se listas de nomes para tal fim, organizados de acordo com a bacia oceânica da região. Cada lista é composta por 21 nomes em ordem alfabética, para cada temporada de monitoramento. Se a lista esgotar antes do término da temporada, utilizam-se as letras do alfabeto grego para a identificação. Essas listas repetem-se a cada sete anos. Ao final da temporada, os nomes associados a eventos muito destrutivos são retirados e substituídos por outros (como ocorreu com o Furacão Katrina).

Lista atual de nomes de ciclones tropicais para a bacia do Atlântico

2016	2017	2018	2019	2020	2021
Alex	Arlene	Alberto	Andrea	Arthur	Ana
Bonnie	Bret	Beryl	Barry	Bertha	Bill
Colin	Cindy	Chris	Chantal	Cristobal	Claudette
Danielle	Don	Debby	Dorian	Dolly	Danny
Earl	Emily	Ernesto	Erin	Edouard	Elsa
Fiona	Franklin	Florence	Fernand	Fay	Fred
Gaston	Gert	Gordon	Gabrielle	Gonzalo	Grace
Hermine	Harvey	Helene	Humberto	Hanna	Henri
Ian	Irma	Isaac	Imelda	Isaias	Ida
Julia	Jose	Joyce	Jerry	Josephine	Julian
Karl	Katia	Kirk	Karen	Kyle	Kate
Lisa	Lee	Leslie	Lorenzo	Laura	Larry
Matthew	Maria	Michael	Melissa	Marco	Mindy
Nicole	Nate	Nadine	Nestor	Nana	Nicholas
Otto	Ophelia	Oscar	Olga	Omar	Odette
Paula	Philippe	Patty	Pablo	Paulette	Peter
Richard	Rina	Rafael	Rebekah	Rene	Rose
Shary	Sean	Sara	Sebastien	Sally	Sam
Tobias	Tammy	Tony	Tanya	Teddy	Teresa
Virginie	Vince	Valerie	Van	Vicky	Victor
Walter	Whitney	William	Wendy	Wilfred	Wanda

CAPÍTULO 10

Temperatura do planeta

Eu sou o Sol
Sou eu que brilho
Pra você meu amor
Eu sou o Sol
Eu sou o astro-rei
A maravilha cósmica
Que Deus fez
("O dia em que o Sol declarou seu amor pela Terra", de Jorge Ben Jor)

Se o Sol não tivesse declarado seu amor pela Terra, como cantou Jorge Ben Jor, provavelmente não existiria vida em nosso planeta. Por causa da inclinação da espaçonave Terra durante sua viagem ao redor do Sol, cada canto do planeta absorve uma quantidade diferente de radiação solar. De dezembro a março, por exemplo, o hemisfério sul recebe mais energia do Sol do que o hemisfério norte, período em que ocorre o verão no hemisfério sul e o inverno no norte (ver capítulo "Estações do ano").

A energia do Sol chega até nós em forma de radiação eletromagnética. Ao atingir a Terra, essa radiação é refletida, espalhada e absorvida. Veja as proporções:

- 51% é absorvida pela superfície do globo;
- 30% da radiação solar é refletida para o espaço;
- 19% é absorvida por gases como ozônio, vapor d'água e dióxido de carbono, entre outros presentes na atmosfera.

Esses gases provocam o chamado efeito estufa, responsável por assegurar uma temperatura que permita a existência de vida na Terra. Por causa do efeito estufa, a temperatura média na atmosfera é de, aproximadamente, 15 ºC. Sem ele, essa temperatura seria de -18 ºC. O efeito estufa sempre existiu e é importante para o equilíbrio climático do planeta. Porém, cientistas têm alertado que esse fenômeno vem se tornando mais intenso, contribuindo para aumentar a temperatura média na Terra. Há quem defenda que as significativas alterações climáticas que a Terra vem sofrendo são provocadas pela intensificação do efeito estufa (ver capítulo "Temperatura do planeta").

Para entender como ocorre o efeito estufa natural, aquele que equilibra a temperatura média do planeta, pesquisadores fazem uma analogia com um ônibus parado, com vidros fechados, debaixo do Sol. Os raios que chegam na forma de luz e de radiação ultravioleta passam pelos vidros. Ao ultrapassar os vidros, a radiação ultravioleta é convertida em infravermelha e emite calor. Parte da radiação infravermelha tem dificuldade de atravessar o vidro, fica presa dentro do ônibus, e a consequência é que o ar no interior do veículo se torna mais quente.

Na atmosfera terrestre, gases como vapor d'água, CO_2, entre outros, fazem o papel dos vidros do ônibus. Eles deixam a radiação luminosa e ultravioleta passar, mas impedem que parte da radiação, transformada em infravermelha na superfície, volte para o espaço.

CAMINHO DA RADIAÇÃO SOLAR NA ATMOSFERA

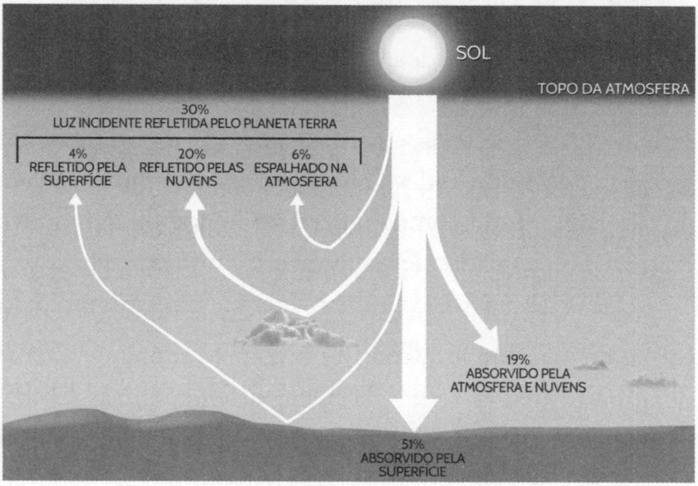

A energia transmitida na forma de radiação e absorvida pelas moléculas de ar é transformada em movimento molecular, causando o aumento da temperatura. O calor é o movimento, a dança das moléculas de ar. A temperatura é a medida desse calor – a medida da agitação cinética molecular.

Uma xícara e uma chaleira com água fervente podem ter a mesma temperatura, mas, nesse caso, haverá mais calor na chaleira, pois ela é maior que a xícara, tem mais massa. A quantidade de calor depende do tamanho da massa de uma substância ou de um corpo. A temperatura pode mudar quando um corpo perde ou recebe calor. Por isso, as temperaturas mínimas ocorrem na madrugada, devido à perda de calor da superfície para o espaço. As máximas são registradas à tarde, depois do meio-dia, pico da radiação solar. A diferença entre as temperaturas mínimas e máximas recebe o nome de amplitude térmica. Brasília, por exemplo, registrou 12 °C de mínima pela manhã e 30 °C de máxima à tarde. Nesse caso, a amplitude térmica na capital federal foi de 18 °C.

A temperatura também é influenciada por massas de ar. Entre 6 e 12 de junho de 2016, pelo menos três massas de ar polar se espalharam pelo centro-sul do país. Temperaturas ficaram abaixo de 0 °C em municípios da região Sul e até geou em pontos do Sudeste, como no extremo sul da cidade de São Paulo. Em Gramado, no Rio Grande do Sul, houve registro das chamadas neve granular e chuva congelada.

O tipo de superfície também interfere na distribuição do calor. Continentes se aquecem e resfriam mais rapidamente que os oceanos. Correntes oceânicas podem causar variação de temperatura. Correntes quentes tendem a atenuar o frio e correntes frias amenizam as temperaturas mais altas.

Quando o assunto é altitude, vale a regra de quanto mais alto o local, mais baixa a temperatura. Conforme nos afastamos do nível do mar, a temperatura cai: queda de 6,4 °C a cada mil metros de subida. E, ao nível do mar, o ar aquece rapidamente durante o dia e esfria bastante à noite. Por isso, as diferenças de temperatura são maiores nas menores altitudes.

Porém, há um lugar onde quanto mais alto se está, mais quente fica. É na estratosfera, a camada da atmosfera que fica entre 15 km e 50 km de distância da superfície. A temperatura do ar se eleva com a subida, porque a composição gasosa da estratosfera é diferente. Na parte superior da estratosfera, entre 30 km e 50 km, encontra-se a camada de ozônio, ou ozonosfera. As moléculas de ozônio absorvem radiação ultravioleta do Sol, agindo como um filtro e protegendo a superfície da Terra dos efeitos nocivos desse tipo de radiação. E é justamente sob a ação da radiação ultravioleta que é formado o ozônio, a partir das moléculas de oxigênio. Nesse processo é liberada energia sob a forma de calor e a temperatura acaba subindo.

Sensação térmica

"Agora está fazendo 15 °C, mas o pessoal está sentido na pele a temperatura de 10 °C por causa do vento." Esse tipo de informação é muito comum no quadro da previsão do tempo.

A forma como percebemos a temperatura do ar recebe o nome de sensação térmica. A velocidade do vento e a temperatura do ar interferem nessa percepção. Quanto maior a velocidade do vento, menor é a temperatura que sentimos, porque o vento desloca a fina camada de ar aquecido que está sobre nossa pele.

A transpiração faz com que a pele elimine um pouco de umidade, mesmo no frio. O vento acelera a evaporação dessa umidade e retira o calor do corpo. Por isso, sentimos mais frio quando estamos molhados.

Quando somos expostos a temperaturas muito elevadas, o corpo aumenta a produção de suor para regular a temperatura, e quanto mais alta for a umidade relativa do ar, mais calor sentiremos, pois a evaporação do suor vai ser mais lenta e o resfriamento do corpo não será eficiente, originando a sensação de abafamento.

A ROUPA E O CLIMA

Com que roupa eu vou? Se estiver no deserto, onde o clima é quente e seco, aposte em roupas fechadas, frouxas, de tecidos mais grossos e em cores claras. Cubra a cabeça. No clima frio e seco, invista no jeans.

No clima quente e úmido, o ideal é usar roupa aberta, clara, de tecido mais fino. A cobertura do corpo deve ser mínima. Peças mais frouxas são melhores. No clima frio e úmido, as roupas impermeáveis são as ideais.

SAIBA MAIS

As escalas de temperatura mais conhecidas são Celsius, Fahrenheit e Kelvin. O ponto de fusão do gelo (temperatura em que ele passa do estado sólido para o líquido) nas três escalas é 0 °C, 32 °F e 273 K. A temperatura de ebulição da água (quando ela passa do estado líquido para o gasoso) é de 100 °C, 212 °F, 373 K. A escala Fahrenheit é muito comum nos países de língua inglesa, principalmente nos Estados Unidos, e a Kelvin é utilizada principalmente para fins científicos.

O instrumento que mede a temperatura é o termômetro. O físico, astrônomo e inventor Galileu Galilei (1564-1642) criou o primeiro termômetro em 1592 – era o chamado termoscópio. Ele continha água corada e não media diretamente a temperatura, mas dava uma noção de seu valor por comparações. A coluna de água subia ou descia conforme a temperatura daquilo que se encostava no instrumento. Porém, não era um instrumento confiável por ser um sistema aberto que recebia muita influência da pressão atmosférica. O problema foi resolvido com a criação de um termômetro fechado e com álcool, cuja dilatação ocorre mais rapidamente que a da água. Esse tipo de termômetro foi aperfeiçoado por Gabriel Fahrenheit em 1709, e poucos anos depois o álcool foi substituído por mercúrio, por ser mais uniforme.

Hoje, os termômetros mais comuns são de tubo de vidro graduado com mercúrio ou álcool no interior. O líquido reage às mudanças de temperatura expandindo-se ou contraindo-se dentro do tubo e, consequentemente, subindo ou descendo.

©Lmspencer/Shutterstock

Parque Nacional das Cataratas do Iguaçu com um lindo arco-íris completo sobre a água. Foz do Iguaçu, Brasil

©Auscape/UIG/Getty Images

Morning Glory em Queensland, Austrália

©Pushish Images/Shutterstock

Halo solar na Tailândia

©Mario Festa

Halo solar produzido apenas pela cirrostratus

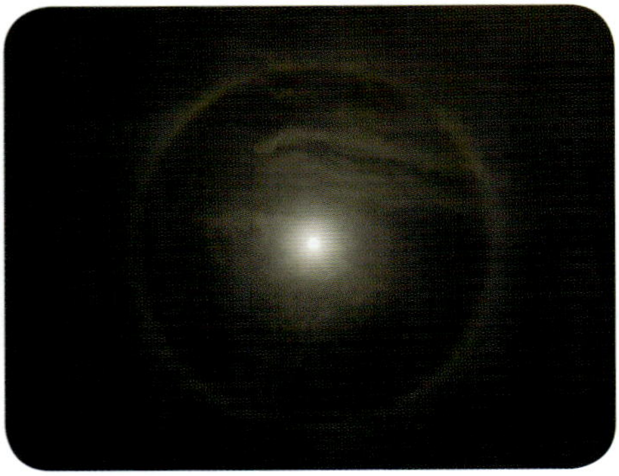

©Pongpinun Traisrisilp/123RF

Halo lunar

©NASA

Furacão – Ciclone tropical Guillaume, Oceano Índico

©NASA

Furacão Matthew

©SPL/Latinstock

Tornado

Mapas de temperatura: primavera e verão

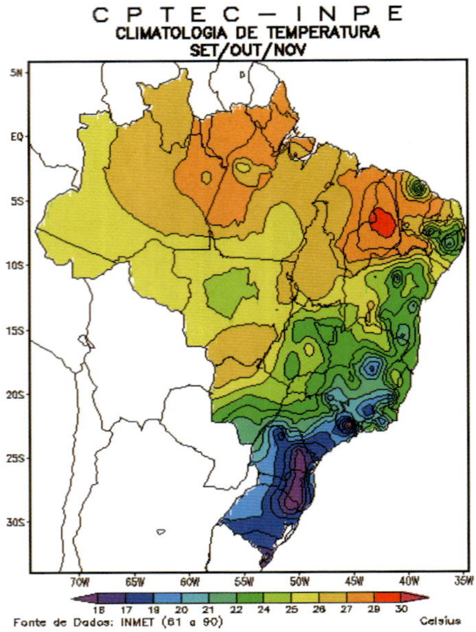

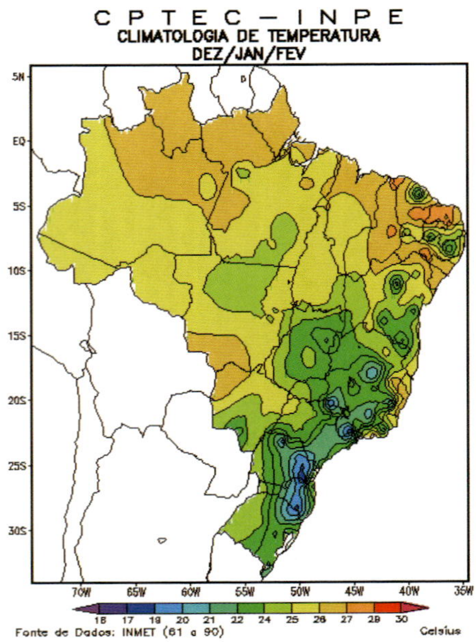

Fonte: INMET (61 a 90)

Mapas de temperatura: outono e inverno

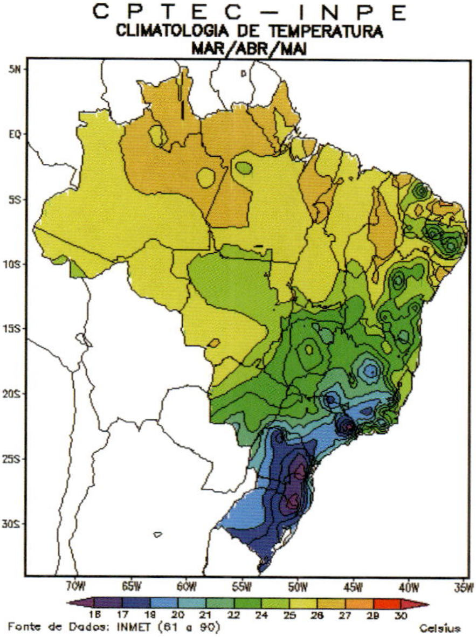

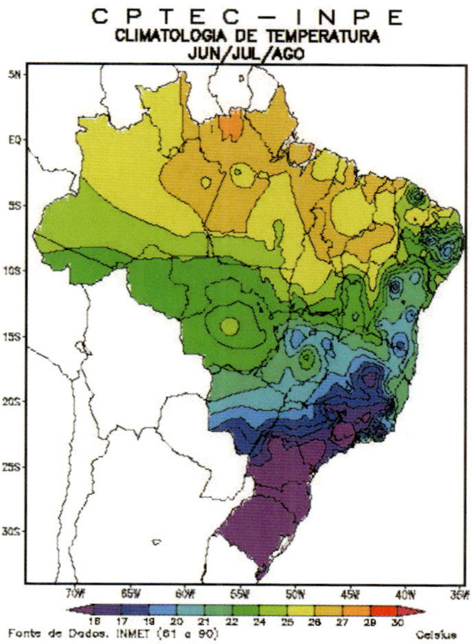

Fonte: INMET (61 a 90)

EL Niño

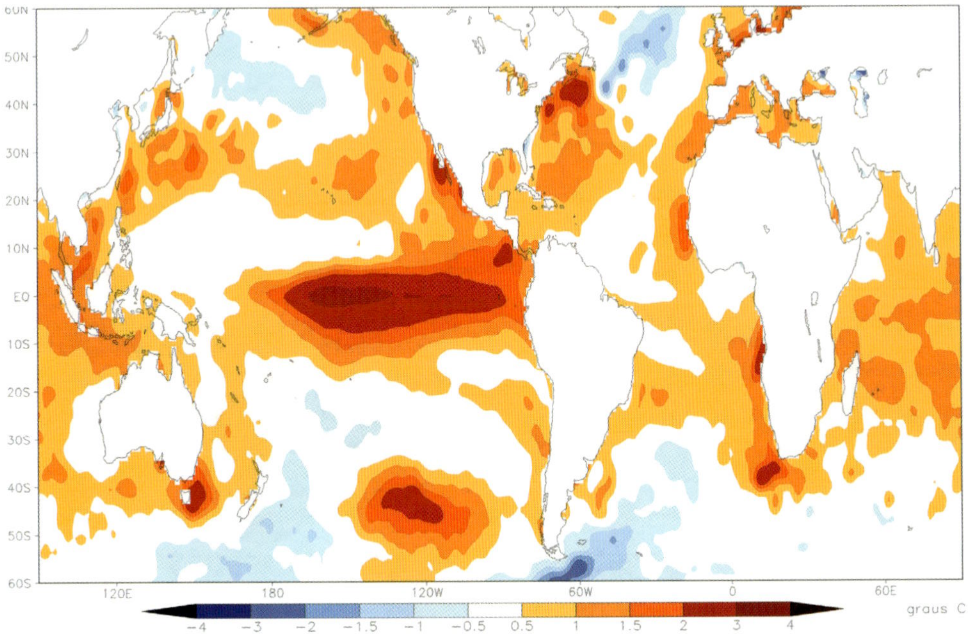

Anomalia da temperatura da superfície do mar - EL Niño 2015/2016
Fonte de dados: CPC/ NCEP/ NOAA- EUA

Monitoramento do La Niña e seus impactos

Fonte de dados: CPC/ NCEP/ NOAA- EUA

©Moacir Gomes/Agência O Globo

Neve em Itatiaia, Rio de Janeiro, em 1985.

TIPOS CLIMÁTICOS DO BRASIL

Posto meteorológico São Lourenço, em Minas Gerais, nos anos 1960

Maju com supercomputador

©Pedro Turrini Neto/Shutterstock

Raios em Ribeirão Preto

©Marcos T. F. Filho/ELAT-INPE

©Sandro E. F. Vargas/ELAT-INPE

©Scyther5/123RF

Raios em São Paulo

©Scyther5/123RF

Raios no Brasil

©Alex Ciraudo Amorim/ELAT-INPE

Nuvem de tempestade

Nuvem cirrocumulus – alta

Nuvem stratocumulus – baixa

©Stefano Garau/Shutterstock

Nuvem cumulonimbus – desenvolvimento vertical

©Alybaba/Shutterstock

Nuvem altocumulus – média

©Arquivo pessoal

Maju na Cop21

©Arquivo pessoal

Maju na Cop21. Da esquerda para a direita: Roberto Kovalick, Maju, Paulo Pimentel, Sérgio Abranches, Pedro Vedova, Rafael Garcia.

CAPÍTULO 11

Na pressão

O ar é invisível, inodoro, incolor, mas pesa e ocupa espaço. Pode ser pesado como uma feijoada completa ou um pouco mais light. Tudo vai depender da região onde estivermos. O peso da coluna de ar, que vai da superfície ao topo da atmosfera, recebe o nome de pressão atmosférica. Se a feijoada for mais gorda ou mais magra, conforme os ingredientes utilizados, a coluna de ar que está sobre nós também pode ser mais ou menos pesada, dependendo de elementos como altitude, densidade e temperatura do ar.

O peso da coluna de ar vai se tornando menor com a altitude: quanto maior a altura, menor a pressão atmosférica. No ponto mais elevado da Terra, no pico do Monte Everest, com mais de 8.000 m de altura, a pressão é baixíssima. Quem se aventura por aquelas bandas consegue respirar apenas 30% do oxigênio necessário para o organismo. Uma hora e meia é o tempo máximo que alpinistas que chegaram ao topo sem tubo de oxigênio conseguiram suportar a baixa pressão. Passado esse tempo, a pessoa morre.

A densidade e a temperatura do ar interferem na pressão da seguinte maneira: quando a temperatura é alta, a densidade do ar é mais baixa, uma vez que há menos moléculas de ar na coluna. O professor Mario Festa, do Departamento de Ciências Atmosféricas do Instituto de Astronomia, Geofísica e Ciências Atmosféricas da USP, explica que é por isso que os balões de ar quente sobem facilmente, já que o ar dentro deles tem densidade menor que o ar que está do lado de fora.

As temperaturas baixas, ao contrário, contribuem para aumentar a quantidade de moléculas de ar – a densidade do ar é mais alta e, consequentemente, a pressão atmosférica aumenta.

VARIAÇÃO DA PRESSÃO COM A ALTURA

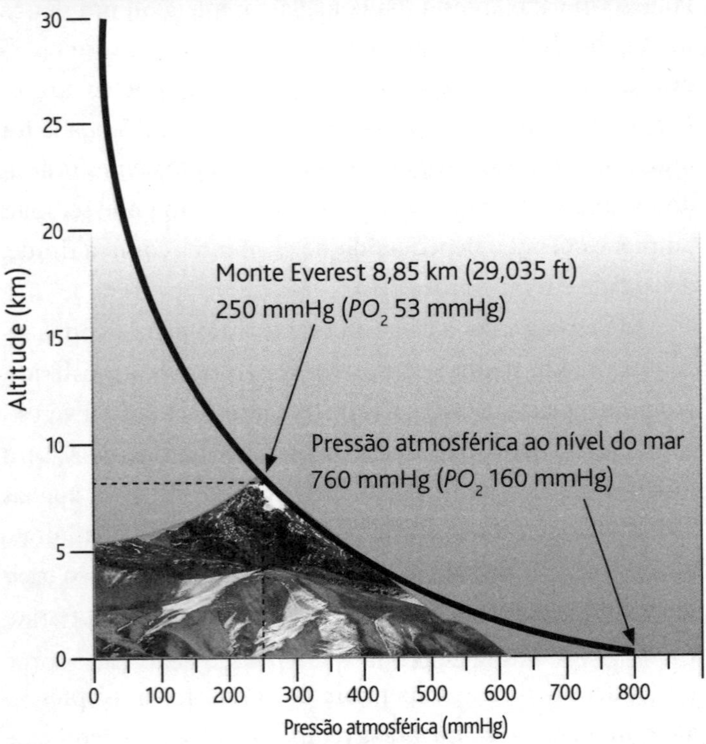

A pressão atmosférica é medida pelo barômetro. Há vários tipos, mas os mais comuns são o de mercúrio e o aneroide. O físico e matemático italiano Evangelista Torricelli (1608-1647), aluno de Galileu Galilei, inventou o barômetro de mercúrio, composto por um tubo de vidro fechado em uma das extremidades, com aproximadamente um metro de comprimento, e preenchido com mercúrio. O instrumento foi colocado verticalmente com a parte aberta para baixo num recipiente denominado "cuba". Observou-se, então, que a coluna de mercúrio descia até certa altura. Daí, concluiu-se que essa altura é equilibrada pelo peso do ar. Ao nível do mar, a coluna de mercúrio tem a altura aproximada de 76 cm. Dessa forma, Torricelli descobriu que a variação da pressão atmosférica podia ser medida pela variação da altura da coluna de mercúrio. O comprimento dessa coluna se torna uma representação da medida da pressão atmosférica.

Já o barômetro aneroide – do grego *aneros*, sem ar, e *oid*, semelhante – funciona sem o emprego de líquido e é mais portátil que o barômetro de mercúrio. Seu mecanismo principal é uma câmara hermética, dotada de pequena quantidade de ar e de um diafragma flexível.

No sistema internacional (SI) de medidas, a unidade-padrão atual da pressão é o Pascal (Pa). Em meteorologia, usou-se por muito tempo a unidade milibar (1 mb = 100 Pa). A pressão atmosférica ao nível médio do mar corresponde a 1013,25 mb ou 10,13 Pa.

E, apesar de ser definida como o peso da coluna de ar na vertical entre a superfície e o topo da atmosfera, a pressão é exercida em todas as direções: em cima, embaixo e dos lados. O professor Mario Festa conta que a pressão do ar que o corpo humano suporta é algo em torno de 15 toneladas, equivalente ao peso de um cubo de chumbo de um metro cúbico.

Pressão alta e baixa

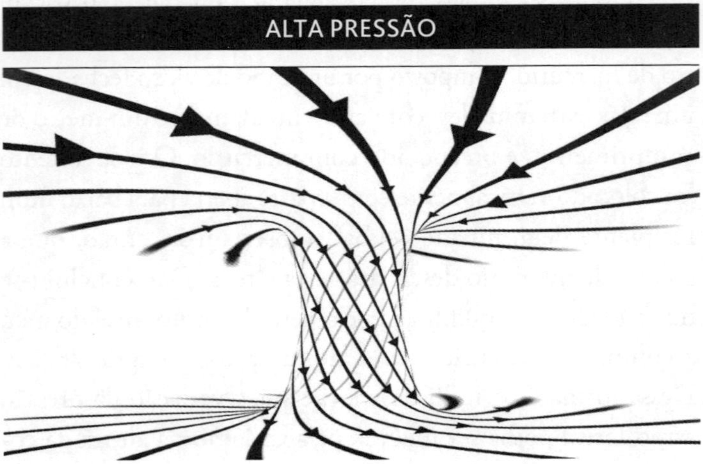

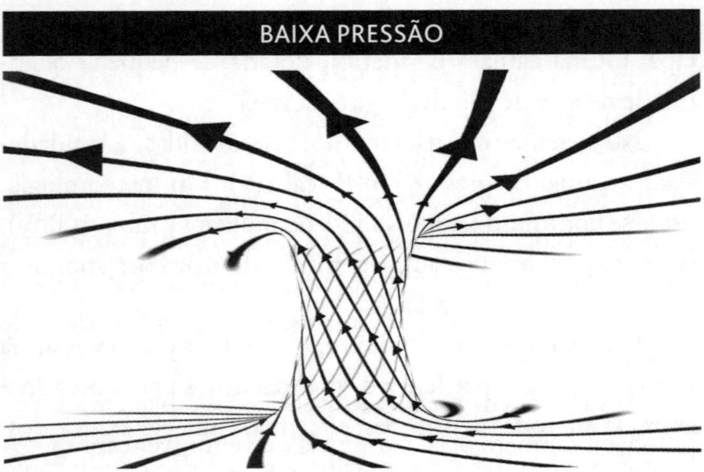

O ar pode ser hipertenso ou sofrer de pressão baixa. A analogia é apenas uma brincadeira para falar que existem áreas de alta e de baixa pressão pelo planeta, em superfície e em altitude. O aquecimento desigual da superfície, devido à curvatura da Terra, a posição geográfica e a presença de massas de ar com características diferentes fazem com que a pressão varie horizontalmente. Durante o dia, por exemplo, os continentes se aquecem mais rapidamente que os oceanos, resultando em pressões menores sobre a terra, o que faz o ar se elevar e, assim, o ar que estava sobre o oceano ocupa o lugar deixado pelo que estava sobre o continente, por isso temos a brisa marítima. À noite, ocorre o inverso, e a pressão é menor sobre as regiões oceânicas.

As áreas de baixa e de alta pressão são figurinhas carimbadas no quadro da previsão do tempo. Cada uma delas faz o ar se movimentar de um jeito diferente.

No hemisfério sul, uma área de baixa pressão gera o movimento do ar no sentido horário e o ar sobe no centro dessa baixa pressão. Essa ginástica, ar girando embaixo e subindo no centro, favorece a formação de nuvens de chuva. Por isso, as baixas pressões geralmente estão relacionadas ao tempo instável, à chuva e às tempestades.

O tempo firme costuma estar ligado ao centro de alta pressão. No hemisfério sul, a alta, como os meteorologistas costumam chamá-la, faz o ar girar no sentido anti-horário e descer no centro. Tal movimentação inibe a formação de nuvens de chuva.

As variações de pressão atmosférica pelo planeta são responsáveis também pela ocorrência do vento (ver capítulo "A dança do vento").

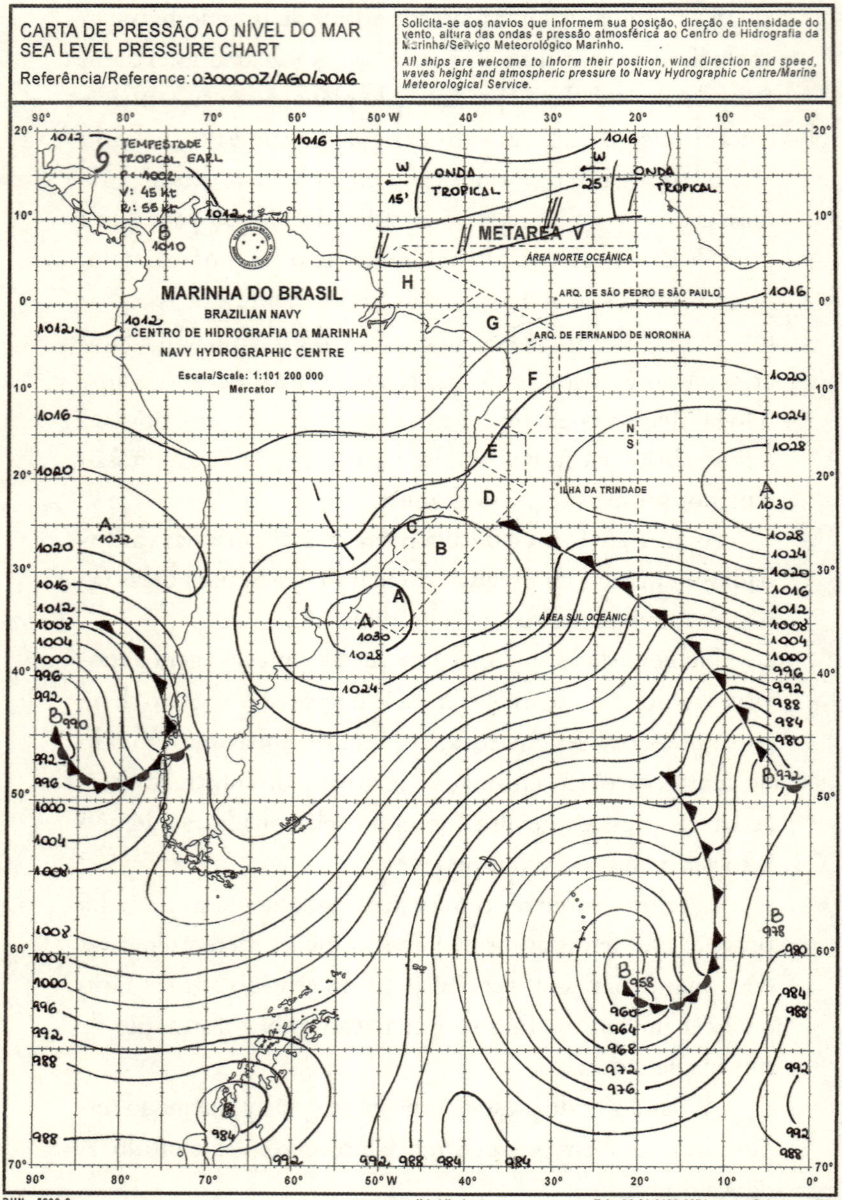

Exemplo de carta de pressão ao nível do mar

CAPÍTULO 12

A dança do vento

tudo vem do ven-tudo vem
do vento vem tu-do vento vem
do vento vem tudo
tudo bem
("Do vento", de Arnaldo Antunes)

Caro leitor, desculpe a ousadia, mas para falar do vento é preciso poesia.

Vento é ar em movimento. Ele é um dançarino. Pode bailar sozinho ou acompanhado. Você já teve a chance de observar num parque a dança circular de folhas caídas no chão? Foi o vento que as tirou para dançar. Com sua coreografia, ele vai esculpindo o relevo, transportando sementes, dispersando poluentes, empurrando aviões, impulsionando embarcações, gerando energia elétrica. É o "Vento que dá na vela/ Vela que leva o barco/ Barco que leva a gente/ Gente que leva o peixe/ Peixe que dá dinheiro, Curimã", como cantou Dorival Caymmi.

Diante de tudo isso, veja se não são injustas tais expressões: pastel de vento, cabeça de vento, palavras ao vento...

Como se ele sempre fosse inconsequente, vazio, desorientado. Está certo que vez ou outra ele perde o compasso e se apresenta em forma de furacões, tornados, tufões. Nesses casos, sua força destruidora nos lembra de que a ciência e a tecnologia têm pouco poder frente à força da natureza.

O vento foi cercado de mistérios por muito tempo, considerado ação dos deuses. Este capítulo trará um pouco do que a ciência descobriu sobre o tema. A tarefa não é simples, pois seguir a trilha do vento requer conhecimento de física, meteorologia, geografia. Por isso, o objetivo aqui é somente ventilar as ideias e aguçar a curiosidade do leitor. Vamos nessa? Quer embarcar comigo ao sabor do vento, para saber de onde ele vem e para onde ele vai?

Para fazer essa viagem através do vento, contei com a ajuda de quatro especialistas: Mauro Neutzling Lehn, meteorologista e coautor desta obra, Alice Marlene Grimm, professora do Departamento de Física da Universidade Federal do Paraná, Ricardo de Camargo e Mario Festa, professores do Departamento de Ciências Atmosféricas da Universidade de São Paulo.

Quem são os pais do vento?

O pai do vento é um *superstar*: o Sol. Ele, que brilha para todos, tem sua energia absorvida de forma desigual pelos diferentes tipos de superfície do planeta (continentes e oceanos, mares, lagos e rios), por causa da forma arredondada da Terra e pela inclinação do seu eixo. Entre dezembro e março, a energia solar está mais concentrada no hemisfério sul – por isso é verão. No hemisfério norte é inverno.

Esse aquecimento diferenciado faz com que a pressão atmosférica (ver capítulo "Na pressão") varie de um lugar para outro. A diferença produz um fluxo de ar da região de pressão mais alta para a região de pressão mais baixa. A força que produz esse fluxo recebe o nome de força de gradiente de pressão. Ela pode ser considerada a mãe do vento, pois é a única força capaz de gerá-lo.

Assim que o ar entra em movimento, outras forças entram em ação. Uma delas é a chamada força de Coriolis, descoberta pelo matemático e engenheiro mecânico francês Gaspard-Gustave Coriolis (1792-1843). Essa força está relacionada à rotação da Terra, o movimento que o planeta faz em torno de seu próprio eixo. A força de Coriolis desvia para os lados os corpos que estão em movimento no nosso planeta giratório.

Para demonstrar o efeito da força de Coriolis, o meteorologista Mauro Neutzling Lehn buscou o exemplo da brincadeira do gira-gira. Há duas formas de observar a brincadeira de jogar e pegar bola entre duas crianças em um gira-gira em movimento. Uma criança joga a bola para outra enquanto o brinquedo está girando. Uma pessoa que estiver observando a jogada ao lado do brinquedo, parada – num sistema de referência que não gira com o gira-gira –, verá a bola fazer um movimento retilíneo. Mas, ao sentar-se no gira-gira, ela passará a ver a trajetória da bola curvilínea, desviando para um dos lados, como se houvesse uma força lateral atuando sobre ela.

A Terra é o nosso gira-gira. Como estamos girando junto com ela, observamos o desvio das parcelas de ar para a direita no hemisfério norte e para esquerda no hemisfério sul. A professora Alice Marlene Grimm afirma que se uma pessoa estivesse numa estrela fixa, fora da Terra, veria as parcelas de ar fazerem um movimento retilíneo.

CIRCULAÇÃO GERAL DA ATMOSFERA
MODELO TEÓRICO

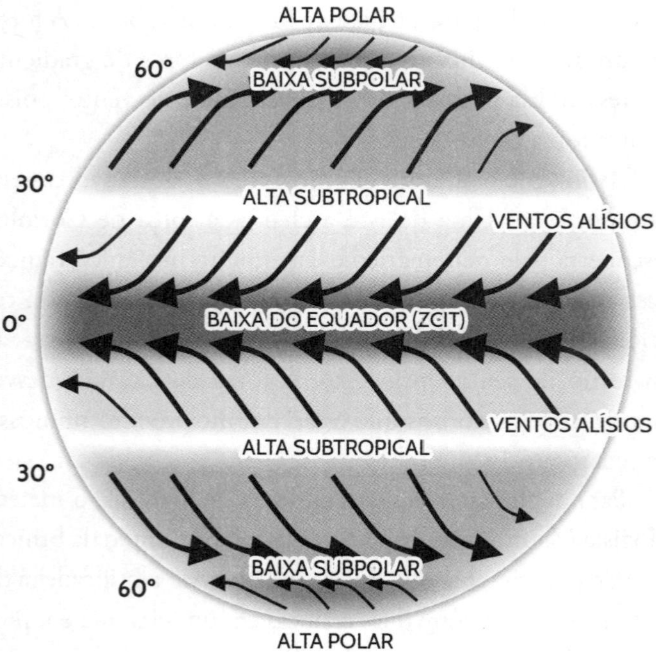

O efeito da força de Coriolis é mais notado quando o movimento ocorre nas proximidades dos polos. Ele é nulo sobre o Equador. O motivo é que a superfície horizontal em que nós vivemos na Terra gira mais rapidamente em torno de um eixo vertical nos polos que nas baixas latitudes.

A combinação força de gradiente de pressão + força de Coriolis faz com que os ventos de determinadas direções predominem em certas regiões do globo.

Na região tropical, temos os famosos ventos alísios. Eles se deslocam das regiões subtropicais para o Equador e de leste para oeste. O ponto de encontro dos ventos alísios do hemisfério norte e do hemisfério sul é na chamada Zona de Convergência Intertropical (ZCIT), que forma um aglomerado de nuvens, também conhecido por banda de nuvens, perto do Equador.

Nas regiões polares, os ventos se deslocam do polo para as latitudes médias, é também de leste para oeste. No hemisfério sul, a topografia do continente antártico intensifica esse deslocamento, enquanto que no hemisfério norte, é o Oceano Ártico que sente a influência dos ventos que se deslocam do polo.

Nas regiões que abrangem os subtrópicos até as zonas polares, prevalecem os ventos de oeste, que na superfície sopram dos subtrópicos para as latitudes mais altas. Em altitudes maiores, entre 10 km e 16 km, esses ventos de oeste podem ser bem intensos, formando as correntes de jato.

Vejamos agora o papel da força de atrito sobre o vento. O atrito do ar com elementos presentes na superfície, como relevo e vegetação, diminui a velocidade do vento. Sobre os oceanos, o atrito é muito menor que sobre o continente. Um oceano, com ondas, tem mais atrito que um lago. O professor Ricardo de Camargo explica que, do ponto de vista de intensidade, quanto mais lisa for uma superfície, menor será o atrito, ou seja, menor será a resistência imposta ao escoamento do vento. Além disso, quanto mais distante da superfície terrestre estiver uma parcela de ar em movimento, menos importante será o efeito do atrito.

A força de atrito é capaz de alterar a velocidade do vento, mas não sua direção.

SAIBA MAIS

Direção e velocidade são os elementos básicos para determinar a medida do vento. A direção do vento é sempre de onde ele vem – assim, um vento norte flui do norte para o sul, um vento de oeste flui de oeste para leste.

Várias unidades de medida podem ser utilizadas na representação da velocidade do vento, sendo as mais frequentes o m/s (metro por segundo) e km/h (quilômetro por hora).

O instrumento utilizado na medição do vento é chamado anemômetro (do grego *anemus*, vento). Existem vários tipos de anemômetro. Os mais comuns têm uma pá direcional que indica a direção do vento, combinada com um conjunto de conchas (cata-vento) para determinar sua velocidade.

Diferentes tipos de vento

Brisa, calmaria, vento fraco, vento forte. Como classificar o vento de acordo com sua intensidade? De modo informal, a classificação é:

- Calmaria: se as folhas das árvores estão quietinhas, se a roupa no varal está imóvel, temos a calmaria. A movimentação do ar é imperceptível.
- Vento fraco: entre 7 e 18 km/h, dá para senti-lo na pele e perceber o movimento dos elementos da paisagem.
- Vento moderado: transporta poeira, folhas e alguns tipos de lixo no chão, além de balançar os galhos das árvores. A velocidade oscila entre 19 e 35 km/h.
- Vento forte: quebra galhos grossos de árvores, podendo atingir até 44 km/h.
- Tempestade: derruba árvores, pode destruir muros, destelhar casas. Nas tempestades, os ventos alcançam velocidades que oscilam entre 45 e 90 km/h.

A energia que vem do vento

O vento guarda uma riqueza fundamental para um futuro mais sustentável: a possibilidade de se transformar em energia elétrica renovável e limpa, sem emissão de CO_2.

E como o vento vira energia elétrica? O processo ocorre através dos aerogeradores, torres popularmente chamadas de cata-vento ou moinho. O vento bate e movimenta as três pás do aerogerador. O eixo interno do aerogerador é acionado e a rotação do eixo é aproveitada pelo gerador que transforma esse esforço em energia elétrica. De forma resumida, a geração de eletricidade a partir de fonte eólica se dá por meio da transformação de energia cinética (energia do vento) em energia mecânica (rotação dos eixos) e posteriormente em energia elétrica (gerador).

Bons ventos para gerar energia eólica devem ser fortes ou rápidos e constantes, porém sem rajadas, mantendo-se unidirecionais. Toda vez que o vento muda de direção, por exemplo, as pás são ajustadas. Portanto, quanto mais constante o vento, menos ajustes serão feitos e, o equipamento será mais eficiente. A velocidade mínima para a geração de energia deve variar entre 5,5 m/s e 7 m/s, em médias anuais. Nesse quesito, está tudo tranquilo e favorável para o Brasil. Os ventos brasileiros estão entre os melhores do mundo. São fortes, constantes, com velocidade em torno de 10 m/s a 12 m/s, e quase não sofrem turbulências.

Os melhores potenciais para a fonte eólica no país estão nas regiões Nordeste e Sul, onde estão concentrados quatrocentos parques eólicos e mais de 5.200 torres em operação.

Em termos de geração de energia elétrica, a fonte eólica responde por até 11% da carga nacional. No Nordeste, esse percentual é mais expressivo, alcançando valores de

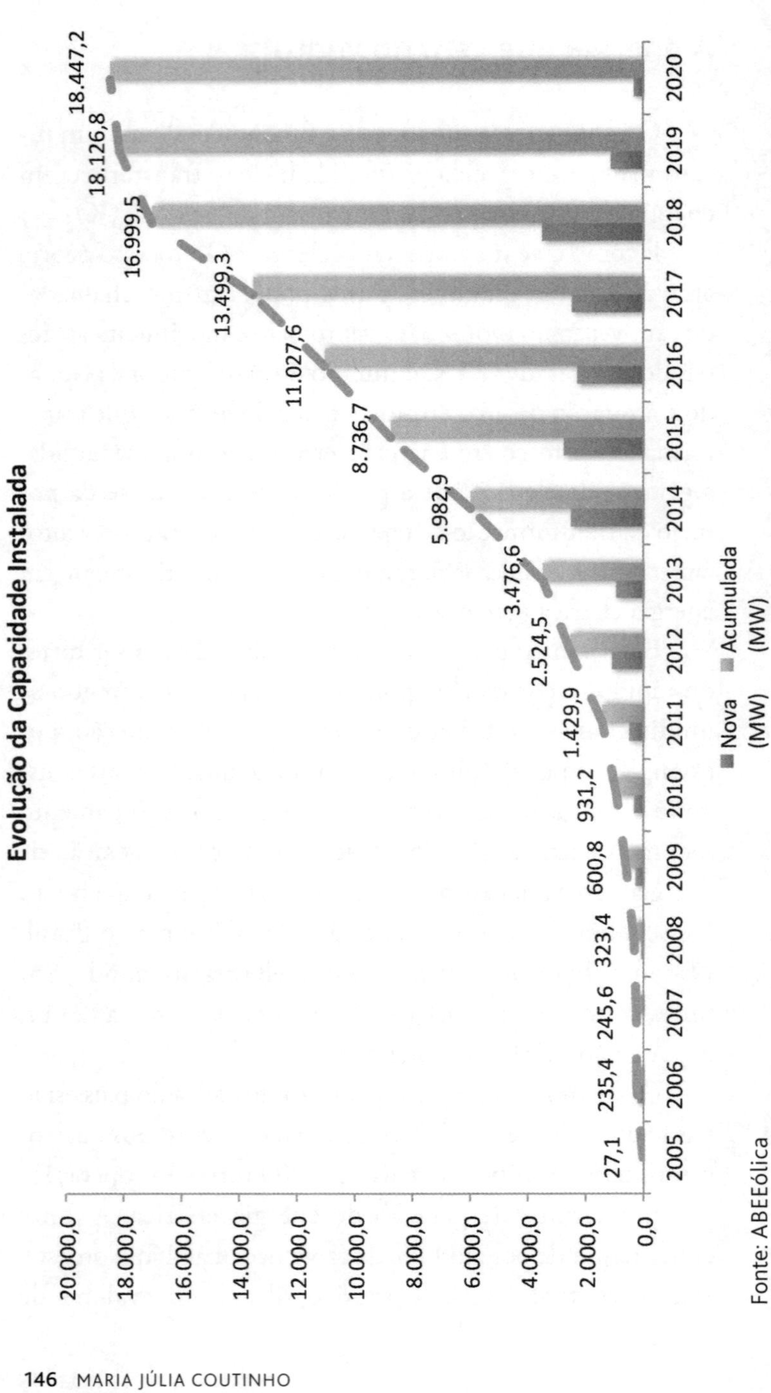

Fonte: ABEEólica

aproximadamente 50% do consumo de energia de toda a região. Por mês, a energia eólica já abastece uma média de 11 milhões de residências, uma população equivalente à do Sul do país.

O Brasil ocupa a 10ª posição em capacidade instalada e, em 2015, foi o quarto país que mais instalou energia eólica. A energia que vem do vento é limpinha, não emite CO_2 e evitou, em 2015, a emissão de 16 milhões de toneladas de CO_2 para a atmosfera.

O gráfico anterior mostra o crescimento da capacidade instalada no Brasil e o que está previsto para até 2020. Importante notar que a previsão se refere aos contratos assinados até agosto de 2016. Novos leilões devem ampliar nossa capacidade ao longo dos anos.

SAIBA MAIS

Vento bom, vento ruim

Depois de falar sobre os bons ventos para a geração de energia elétrica, é hora de mostrar os ventos ruins que podem interromper o seu funcionamento. Para meteorologistas do Operador Nacional do Sistema Elétrico (ONS), rajadas acima de 50 km/h já são consideradas prováveis inimigas. Elas podem derrubar torres das linhas de transmissão, indisponibilizando-as por vários dias e, em alguns casos, interrompendo o fornecimento de energia.

No oeste do Paraná, de Santa Catarina e do Rio Grande do Sul são frequentes as quedas de torres durante a primavera. Nesse período, o transporte de umidade da região Amazônica para o Sul do país, por meio do chamado Jato de Baixos Níveis, cria condições ideais para o desenvolvimento de tempestades severas. As nuvens cumulonimbus estão associadas a esse tipo de tempestade. E, quando tais nuvens estão no pedaço, a chuva pode chegar em forma de pacote completo: com raios, granizo e rajadas de vento.

Por isso, o ONS monitora as condições de tempo severo no Rio Grande do Sul, Santa Catarina, Paraná, Mato Grosso do Sul e São Paulo, utilizando redes de estações meteorológicas, sensores de descargas atmosféricas, radares meteorológicos e imagens de satélite. A meteorologista Christiane Osório Machado, do ONS, conta que, em caso de previsão de tempestade para esses estados, a gerência de Recursos Hídricos e Meteorologia do ONS emite um boletim para o Centro de Operação do Operador Nacional do Sistema informando quanto tempo deve durar a tempestade e quais linhas de transmissão podem ser afetadas. Com essas informações é possível fazer alterações, diminuindo a transmissão de energia nas linhas que devem ser atingidas ou alterando a quantidade gerada em determinadas usinas para que não haja interrupção do fornecimento, mesmo na ocorrência do desligamento.

Meteorologistas torcem para o desenvolvimento de novos modelos em curtíssimo prazo para antecipar a chegada de tempestades severas e evitar que ventos ruins atrapalhem o fornecimento de energia.

Na mitologia

Parte da história dos deuses do vento está na *Teogonia*, poema escrito por Hesíodo no século VIII a.C. que mostra a origem dos deuses gregos e a formação do cosmos por Zeus.

Foi essa uma das fontes que Cristina Fransciscato, doutora em literatura grega antiga pela Universidade de São Paulo, usou para nos contar um pouco sobre os deuses do vento.

Então, segundo a *Teogonia*, os ventos descendem de titãs e titânidas, as primeiras divindades, filhas de Urano (o céu estrelado) e Gaia (a terra mãe). Os pais do vento são Eos (Aurora) e Astreu (filho do titã Crios). Eles geraram os astros, a estrela da manhã e os ventos Zéfiro, Bóreas e Noto.

- Zéfiro: aquele que limpa o céu, vento oeste, suave, relacionado à brisa.
- Bóreas: aquele que é veloz na corrida, vento norte, forte, imprevisível e descomunal. Ele habita a Trácia, região fria da Grécia. No mito, ele rapta Oritia, filha de Erecteu, rei de Atenas, levando-a para a Trácia e tendo dois filhos com ela, Calais e Zetes.
- Noto: vento sul, quente e carregado de umidade, que trazia névoa e chuva.

Em outra passagem da *Teogonia* diz-se que, exceto esses três ventos, os demais descendem do terrível Tifeu, monstro que foi vencido por Zeus. São os ventos que provocam tempestades e causam todo o tipo de calamidade aos mortais.

Éolo, o senhor dos ventos, corresponde ao vento leste. Ele é mencionado na *Odisseia*, poema épico atribuído a Homero. Depois da guerra de Troia, ao tentar voltar para Ítaca, Odisseu (Ulisses) passa pela ilha Eólia, onde é hospedado por Éolo. Ao partir, Odisseu recebe do anfitrião um valioso presente, que o levaria de volta para casa: um odre (saco feito de pele de animal) com todos os ventos aprisionados. Porém, durante a viagem, enquanto Odisseu dormia, seus companheiros abriram o saco na esperança de encontrar vinho. Os ventos escaparam e causaram uma terrível tempestade, arrastando o navio de volta para a costa da Eólia. Dessa vez, Éolo se recusou a ajudar o herói.

CANÇÕES AO VENTO

Vento sem tema
E sem ilusão
Sem Deus e sem razão
Bafo de estrelas
Sopro no coração
("Vento", de Caetano Veloso,
cantada por Gal Costa)

Vento, ventania
Me leve pra onde
Nasce a chuva
Pra lá de onde
O vento faz a curva...
("Vento Ventania", de Álvaro, Bruno, Sheik,
Miguel, Carlos Coelho e Beni)

De tarde quero descansar
Chegar até a praia e ver
Se o vento ainda está forte
("Vento no litoral", de Dado Villa-Lobos,
Marcelo Bonfá e Renato Russo)

Vento traz você de novo
Vento faz do meu mundo novo
E voe por todo mar e volte aqui...
(“O vento”, do Marcio Buzelin, Marcos Tulio, Paulinho Fonseca, PJ e Rogerio Flausino)

Pai, o tempo vai virar
Meu pai, me deixa carregar o vento
Vento, vento, vento
(“A ostra e o vento”, de Chico Buarque)

Vento que balança as ‘paiá’ do coqueiro
Vento que encrespa as ‘água’ do mar
Vento que assanha os cabelos da morena
Me traz notícias de lá
(“Prece ao vento”, cantada por Trio Nagô)

Sim e quantas vezes as balas de canhão devem voar
Antes de serem banidas para sempre?
A resposta, meu amigo, está soprando no vento
A resposta está soprando no vento
(“Blowin’ in the wind”, de Bob Dylan)

Sistemas meteorológicos

Zeciti e Zácas é o jeito carinhoso de nos referirmos a dois sistemas meteorológicos importantes para o Brasil: a Zona de Convergência Intertropical (ZCIT, a Zeciti) e a Zona de Convergência do Atlântico Sul (ZCAS, apelidada de Zácas).

Nas imagens de satélite, a ZCIT aparece como um aglomerado de nuvens próximo à linha do Equador. Essa banda de nuvens convectivas, como definem os meteorologistas, é a principal responsável pela chuva sobre a região equatorial dos oceanos Atlântico, Pacífico e Índico.

No Brasil, a Zona de Convergência Intertropical tem papel importante para determinar a estação chuvosa no norte da região Nordeste e em parte do Norte do país. Tudo vai depender do passeio que a ZCIT faz ao longo do ano na região equatorial. A caminhada da ZCIT dura, aproximadamente, um ano, alcançando a posição mais ao norte durante os meses de agosto e setembro e a posição mais ao sul durante os meses de março e abril. É justamente entre março e abril que o pico da estação chuvosa ocorre no norte da região Nordeste.

Há um conjunto de elementos que pode influenciar a movimentação da Zona de Convergência Intertropical: a temperatura da superfície do mar, os cavados, os ventos alísios e os fenômenos como El Niño e La Niña.

Entre o segundo semestre de 2015 e o começo de 2016, o forte El Niño que pintou no pedaço enfraqueceu a ZCIT. E o aquecimento das águas do Atlântico Tropical Norte também contribuiu para que ela ficasse posicionada mais ao norte. Tais fatores colaboraram para que chovesse menos nas regiões Norte e Nordeste.

A ZCAS também é considerada um aglomerado de nuvens carregadas. Porém, ela se forma entre a Amazônia e o Sudeste, avançando, às vezes, até o oceano Atlântico. No quadro da previsão do tempo, é tratada como um corredor de umidade. A ZCAS geralmente provoca muita chuva no Sudeste durante o verão e permanece entre a região e a Amazônia por, no mínimo, cinco dias.

O jato de baixo nível é uma corrente de vento encorpada que recebe um "empurrãozão" da Cordilheira dos Andes para se deslocar da Amazônia em direção ao sul. Os fortes fluxos de vento que circulam na baixa atmosfera, a uma altura de até 3 mil metros, perto de cadeias montanhosas, recebem o nome de Jato de Baixos Níveis (JBN) e na América do Sul são conhecidos como Jato de Baixos Níveis da América do Sul (JBNAS).

Os jatos se associam aos ventos alísios (ver detalhes no capítulo "A dança do vento") que sopram do oceano Atlântico Tropical, entrando no Brasil pela parte superior do Nordeste. Na região amazônica, os ventos absorvem o vapor de água liberado pelas folhas da floresta através da transpiração. Tais ventos "encorpados" recebem um belíssimo empurrão da Cordilheira dos Andes, como destacaram os pesquisadores José Antonio Marengo e Wagner Soares, pois os Andes aceleram a velocidade do jato e o canalizam em direção ao sul do continente. O Jato de Baixos Níveis da América do Sul ajuda, assim, no transporte da umidade da bacia Amazônica para a bacia Paraná-Prata e afeta o clima da região leste dos Andes – a umidade viaja das regiões tropicais para as regiões subtropicais que estão a leste dos Andes.

Os jatos interagem com relevo, frentes frias, massas de ar que vêm do Atlântico Sul, e então é quase certo que vem chuva forte pelo caminho, que pode se tornar mais forte no futuro se o aquecimento do planeta não for interrompido.

Na Segunda Guerra Mundial, na tentativa de bombardear Tóquio, pilotos norte-americanos descobriram, por acaso, as chamadas correntes de jato, ou *jet stream*. Os pilotos voavam alto para não serem detectados. O objetivo era atingir alguns alvos na capital do Japão, mas os fortes ventos impediram que os pilotos acertassem a mira. Assim, descobriu-se essa corrente de jato veloz que ocorre na alta troposfera, entre 9.000 m e 13.000 m metros de altitude, de oeste para leste. Ela pode atingir entre 140 e 300 km/h.

De lá para cá, as fortes correntes se transformaram na "mão amiga" de pilotos em voos entre a América e a Europa, pois o avião que cai na esteira do *jet stream* chega mais rapidamente ao destino, gastando menos combustível. É que, dependendo da direção do voo, os jatos empurram os aviões, podendo aumentar a velocidade da aeronave em mais de 100 km/h.

CAPÍTULO 13

O clima no país tropical

O Hino Nacional foi certeiro ao definir o Brasil como "gigante pela própria natureza". O país ocupa, aproximadamente, 16% de toda a superfície do planeta e 48% da América do Sul com seus mais de 8,5 milhões de km². É o quinto maior país do mundo em extensão territorial, ficando atrás da Rússia, do Canadá, da China e dos Estados Unidos.

A maior parte do nosso território está localizada no hemisfério Sul, salvo pequena parte situada acima da linha do Equador, como áreas do Amazonas, do Pará, de Roraima e do Amapá, cuja capital, Macapá, é a única no país localizada no hemisfério Norte.

Moramos "num país tropical, abençoado por Deus e bonito por natureza", pois a maior parte do nosso território localiza-se entre os Trópicos de Capricórnio e de Câncer, onde predomina o clima quente e úmido. As exceções são pequenas áreas de Mato Grosso do Sul e de São Paulo, a maior parte do Paraná e todo o território dos estados de Santa Catarina e do Rio Grande do Sul, que ficam abaixo do Trópico de Capricórnio.

Temperatura, umidade, massas de ar, pressão, correntes marítimas, ventos e relevo também determinam o clima do país. Ele pode ser dividido em seis categorias: tropical, tropical de altitude, tropical atlântico, subtropical, equatorial e semiárido. Confira as características de cada um:

- Tropical: predomina em estados das regiões Centro-Oeste, Nordeste, Norte e de parte do Sudeste. Apresenta duas estações bem definidas: inverno (seco) e verão (chuvoso). A temperatura média varia entre 18 °C e 28 °C.
- Tropical de altitude: característico das áreas mais elevadas dos estados do Sudeste. A temperatura média anual vai de 18 °C a 22 °C. Chove mais durante o verão e pode gear no inverno.
- Tropical Atlântico: presente na faixa litorânea entre o Paraná, na região Sul, e o Rio Grande do Norte, no Nordeste. As chuvas são mais intensas no Sul e no Sudeste durante o verão.
- Subtropical: é o clima que predomina ao sul do Trópico de Capricórnio (nos estados da região Sul, em parte de São Paulo e de Mato Grosso do Sul). As chuvas ocorrem regularmente e são bem distribuídas. O verão é quente e o inverno frio, podendo gear e nevar em alguns lugares.
- Equatorial: esse é o clima predominante na região Amazônica, que abrange a região Norte e porções dos estados de Mato Grosso e do Maranhão. A temperatura média anual é elevada, varia entre 25 °C e 27 °C, a umidade do ar é muito alta e chove com frequência.
- Semiárido: predomina no interior nordestino. A temperatura é elevada, com média de 27 °C, e as chuvas são escassas e irregulares.

Há fenômenos meteorológicos que influenciam o clima brasileiro. Um deles é o chamado Jato de Baixos Níveis – JBN –, famoso no quadro da previsão do tempo. Ele transporta bastante umidade da Amazônia para o Sul, podendo provocar chuvas intensas nessa área.

Na região central do Brasil e no Sudeste, durante os períodos chuvosos, o protagonismo costuma ser da Zona de Convergência do Atlântico Sul (ZCAS). No inverno, o tempo seco é rei em áreas do centro-sul do país, mas algumas frentes frias podem provocar chuvas e geadas ocasionais em parte do Sudeste e do Centro-Oeste. Em alguns momentos, a massa de ar gelado, que vem na retaguarda da frente fria, provoca frio em áreas de Rondônia, do Acre e do Amazonas, onde o fenômeno recebe o nome de friagem.

Já no Sul, quem rouba a cena são as frentes frias, os ciclones (centros de baixa pressão) que se formam na região, ou ciclones extratropicais. No Sul e no Sudeste também ocorrem tempestades violentas que podem dar origem a fortes ventanias, queda de granizo e, às vezes, tornados (ver capítulo "Tornados").

CAPÍTULO 14

Menino danado e menina levada

Quem nunca recebeu em casa a visita de uma criança bagunceira? O fenômeno El Niño pode ser comparado a um moleque danado. Em anos de El Niño, o clima em vários cantos da nossa casa, o planeta Terra, fica fora de ordem. O episódio mais recente do El Niño, entre março de 2015 e maio de 2016, deixou a região Sul do Brasil debaixo de água no inverno, na primavera e no verão. Roubou grande parte da chuva no Nordeste e no extremo norte do Espírito Santo e do Tocantins. Provocou um calorão histórico pelo país na primavera e fez subir as temperaturas acima da média no verão. O El Niño 2015/2016 foi de peso, considerado um dos mais fortes da história, perdendo apenas para o de 1997/1998.

Os meteorologistas e os climatologistas sabem quando o garoto bagunceiro vai pintar no pedaço ao observar a temperatura das águas superficiais do oceano Pacífico Equatorial. Se durante cinco meses seguidos a temperatura média da superfície do mar numa região do Pacífico conhecida como Niño 3.4 ficar pelo menos 0,5 °C mais elevada, o fenômeno estará configurado. Portanto, o El Niño é definido como o aquecimento anormal das águas do oceano Pacífico Equatorial. Esse aquecimento altera a circulação dos ventos, e essa alteração modifica o regime de chuvas nas regiões tropicais e de latitudes médias.

Há estudos demonstrando que esse aquecimento ocorre desde tempos remotos: as cheias do rio Nilo, essenciais no passado para a agricultura egípcia, eram mais fracas em ano de El Niño. No fim do século XIX, marinheiros de Paita, no norte do Peru, perceberam que, em determinados anos, os peixes e os pássaros que se alimentavam desses peixes desapareciam da região. Notaram também que as chuvas se tornavam mais abundantes e a região desértica de Paita ficava ajardinada, fato que favorecia a agricultura. Isso ocorria por causa de uma contracorrente que apareceria, em certos anos, logo depois do Natal. Por causa da proximidade com a celebração do nascimento do menino Jesus, a contracorrente recebeu o nome de El Niño.

O oposto do El Niño é La Niña, a menina levada que também revira o clima do planeta. Ela está associada ao resfriamento das águas do oceano Pacífico Equatorial. Quando a temperatura média da superfície das águas do Pacífico, na região conhecida como Niño 3.4, fica 0,5 °C abaixo do normal durante cinco meses seguidos, a menina levada entra em cena. No Brasil, La Niña costuma deixar a região Sul mais seca, o Norte e o Nordeste mais chuvosos, além de provocar friozão no Sudeste.

A origem da menina levada e do menino danado ainda é um mistério. Os cientistas não sabem o que provoca o El Niño e a La Niña. Também não conseguem entender qual é a sequência dos fatos, visto que há uma interação entre o oceano e a atmosfera. No caso do El Niño, por exemplo, ainda não se sabe o que ocorre primeiro: se os ventos são mais fracos e então as águas do Pacífico Equatorial Oeste passam a fluir para leste, ou se as águas quentes do Pacífico Equatorial Oeste começam a fluir para leste e enfraquecem os ventos. O que vem primeiro: o ovo ou a galinha?

ÁGUAS MAIS QUENTES = EL NIÑO

Quanto maior a temperatura da superfície do mar, mais chance de o El Niño aparecer.

ANO	DJF	JFM	FMA	MAM	AMJ	MJJ	JJA	JAS	ASO	SON	OND	NDJ
1957	-0.3	0	0.3	0.6	0.7	0.9	1.0	1.2	1.1	1.2	1.3	1.6
1958	1.7	1.5	1.2	0.8	0.7	0.6	0.5	0.4	0.4	0.5	0.6	0.6
1963	-0.4	-0.2	0.1	0.2	0.2	0.4	0.7	1.0	1.1	1.2	1.2	1.1
1964	1.0	0.6	0.1	-0.3	-0.6	-0.6	-0.7	-0.7	-0.8	-0.8	-0.8	-0.8
1965	-0.5	-0.3	-0.1	0.1	0.4	0.7	1.0	1.3	1.6	1.7	1.8	1.5
1966	1.3	1.0	0.9	0.6	0.3	0.2	0.2	0.1	0	-0.1	-0.1	-0.3
1972	-0.7	-0.4	0	0.3	0.6	0.8	1.1	1.3	1.5	1.8	2.0	1.9
1973	1.7	1.2	0.6	0	-0.4	-0.8	-1.0	-1.2	-1.4	-1.7	-1.9	-1.9
1982	0	0.1	0.2	0.5	0.6	0.7	0.8	1.0	1.5	1.9	2.1	2.1
1983	2.1	1.8	1.5	1.2	1.0	0.7	0.3	0	-0.3	-0.6	-0.8	-0.8
1986	-0.4	-0.4	-0.3	-0.2	-0.1	0	0.2	0.4	0.7	0.9	1.0	1.1
1987	1.1	1.2	1.1	1.0	0.9	1.1	1.4	1.6	1.6	1.4	1.2	1.1
1992	1.6	1.5	1.4	1.2	1.0	0.8	0.5	0.2	0	-0.1	-0.1	0
1997	-0.5	-0.4	-0.2	0.1	0.6	1.0	1.4	1.7	2.0	2.2	2.3	2.3
1998	2.1	1.8	1.4	1.0	0.5	-0.1	-0.7	-1.0	-1.2	-1.2	-1.3	-1.4
2002	-0.2	0.0	0.1	0.2	0.4	0.6	0.8	0.8	0.9	1.1	1.2	1.1
2009	-0.7	-0.6	-0.4	-0.1	0.2	0.4	0.5	0.5	0.6	0.9	1.1	1.3
2010	1.3	1.2	0.9	0.5	0.0	-0.4	-0.9	-1.2	-1.4	-1.5	-1.4	-1.4
2015	0.6	0.5	0.6	0.7	0.8	1.0	1.2	1.4	1.7	2.0	2.2	2.3
2016	2.2	2.0	1.6	1.1	0.6	0.1	-0.3					

Fonte: NCEP/NOAA

TSM = temperatura da superfície do mar — DJF = dezembro/janeiro/fevereiro — JFM = janeiro/fevereiro/março

FMA = fevereiro/março/abril

OS ESTRAGOS NO BRASIL

Chuvas, estiagem e calor acima do esperado são as principais consequências

Região	Efeitos básicos	
	El Niño	La Niña
Norte	Estiagem	Chuvas acima da média
Nordeste	Estiagem	Chuvas acima da média
Centro-Oeste	Chuvas e temperaturas acima das médias	Sem grandes alterações
Sudeste	Temperaturas acima da média no inverno	Sem grandes alterações
Sul	Chuvas e temperaturas acima das médias	Estiagem

CAPÍTULO 15

Efeito estufa: mocinho ou vilão?

O efeito estufa é tratado, muitas vezes, apenas como o vilão, o bicho-papão que vai roubar a vida da humanidade. Porém, antes de morrer de medo dele, é preciso compreendê-lo. Como já mostrei no capítulo "Temperatura do planeta", o tão mal falado efeito estufa tem seu lado mocinho. É graças a ele que a temperatura média do planeta passou a oscilar ao redor de 15 °C, garantindo a nossa existência, a vida das plantas e dos animais. Sem ele, a Terra seria uma bola de gelo girando em torno do Sol, com média de -18 °C.

O dióxido de carbono, também conhecido como gás carbônico (CO_2), e o vapor de água (H_20) são as principais substâncias causadoras do efeito estufa. Há também o metano (CH_4), o óxido nitroso (N_2O) e outros gases com menor concentração na atmosfera. Esses gases funcionam como uma espécie de "cobertor", que impede o calor de escapar da atmosfera da Terra para o espaço – exatamente como acontece conosco quando, em noites frias, nos cobrimos para manter a temperatura do corpo. Se o cobertor esquentar demais, porém, nos sentimos mal e não pensamos duas vezes em jogá-lo longe. Acontece que não é possível tirar a atmosfera de cima do planeta – e se ela esquentar demais, o planeta também sentirá mal-estar. Cientistas, então, vêm alertando: o cobertor está se tornando cada vez mais grosso.

A partir da Revolução Industrial, no século XVIII, a quantidade de dióxido de carbono liberada na atmosfera tem aumentado muito. A queima de carvão e derivados de petróleo (gasolina, óleo diesel, querosene) foi, e ainda é, essencial para as atividades industriais. E essa queima libera CO_2. A exploração desenfreada das florestas (desmatamentos e queimadas) e o uso de veículos movidos a gasolina e a diesel também contribuem para lançar outros milhões de toneladas desse gás no ar. Para piorar, o maior consumo de carne aumentou demasiadamente o rebanho bovino – e o pum e, principalmente, o arroto desses animais liberam metano, gás que juntamente com o dióxido de carbono forma a dupla mais quente responsável pelas mudanças climáticas.

Os cientistas quantificaram a concentração de dióxido de carbono na atmosfera antes da Revolução Industrial e a compararam com a dos dias de hoje. Naquela época, por volta de 1850, essa concentração era de 280 partes por milhão (ppm), ou seja, representava 0,028% da composição do ar seco. Hoje, a concentração de CO_2 é de 400 ppm, ou, 0,040%. No Brasil, historicamente, a mudança do uso da terra era a principal fonte de emissões nacionais devido às altas taxas de desmatamento, principalmente na Amazônia. No entanto, a partir de 2005, o combate ao desmatamento reduziu as emissões por uso da terra. Em 2014, as atividades relacionadas à queima de combustíveis fósseis e à agropecuária se tornaram, proporcionalmente, as principais responsáveis pela maior parte das emissões de gases de efeito estufa, cerca de 70%.

Algumas das atividades agrícolas favorecem a emissão do óxido nitroso, quando há uso de fertilizantes sintéticos, adubos orgânicos, deposição de resíduos agrícolas ou de cocôs de animas. Os puns e, principalmente, os arrotos das vacas e dos bois também são um problema, sendo responsáveis por 18% das emissões brasileiras, em 2014. De acordo com um levantamento do IBGE, o Brasil alcançou a marca recorde de 215,2 milhões de cabeças de gado em 2015 – um crescimento de 1,3% em relação a 2014.

Parte do carbono lançado na atmosfera é capturada pelas plantas através da fotossíntese e absorvida pelos oceanos, que acabam funcionando como grandes sumidouros de carbono do planeta. Na água, o CO_2 provoca uma reação química que altera seu pH, deixando-a mais ácida. E águas mais ácidas não agradam muitas espécies, como ostras, mariscos e corais. A acidez dos oceanos pode colocar a cadeia alimentar em risco, prejudicando animais e milhares de pessoas que vivem da pesca. Outro efeito dramático sobre os ecossistemas marinhos é o chamado branqueamento dos corais. Trata-se de uma doença causada pelo aquecimento excessivo da água do mar. Ela faz com que o coral perca as microalgas que lhe dão cor e o mantêm vivo. Na Austrália, um quarto da Grande Barreira de Corais já está branqueada, ou seja, está morrendo.

O certo é que nem todos os oceanos da Terra têm sido suficientes para impedir que a temperatura média do planeta aumente. Ela foi medida pela primeira vez em 1880. O ano de 2015 desbancou o de 2014 como o mais quente da história, e tudo indica que 2016 desbancará o de 2015. O relatório do Met Office, Instituto de Meteorologia do Reino Unido, prevê que a temperatura média da superfície da Terra em 2016 fique 1,14 °C acima da observada antes da Revolução Industrial. O aumento de um ou dois graus Celsius parece insignificante, mas seu impacto é grande: derretimento de gelo nos polos e no topo das montanhas e consequente elevação nos níveis dos oceanos, o que pode provocar o desaparecimento de ilhas, a ocorrência mais frequente de ondas de calor, de tempestades severas, de secas mais intensas. O tempo daqui para a frente tende a oscilar mais em extremos.

Muitas dessas consequências já estão sendo sentidas pela humanidade: desconforto em dias mais quentes ou muito frios e aumento de doenças transmitidas por vetores, como a malária e a leishmaniose, já que mudanças no regime de chuva e a elevação da temperatura podem interferir no ciclo reprodutivo de insetos transmissores de doenças. As mudanças climáticas ameaçam também a produção de alimentos. O gradual aquecimento global acelera os ciclos hidrológico e de energia na atmosfera, que consequentemente podem alterar a frequência e a intensidade de eventos extremos climáticos.

Para outras espécies, as consequências têm sido mais dramáticas. A vida do urso polar no Ártico, por exemplo, não anda nada fácil por causa do derretimento do gelo marinho. Ele serve de rota para o urso buscar sua comida predileta: focas fofinhas. Por causa do derretimento, os ursos têm se desdobrado para arranjar comida. Aqui vale adaptar o dito popular e dizer: quem não tem foca caça ovos de gansas (muito menos calóricos que uma suculenta foquinha). Quem não tem foca também pode enterrar a sobra de um golfinho na neve para comer mais tarde, ou pode revirar o lixo produzido pelo homem para preparar um banquete. É assim que os ursos têm feito para garantir a comida e lutar contra o cada vez mais presente risco de extinção.

Quem mede a febre do planeta?

Especialistas que acompanham o aumento da temperatura do planeta reúnem-se no IPCC, sigla em inglês para Painel Intergovernamental sobre Mudanças Climáticas. O Painel, composto por cientistas de diversas áreas do conhecimento de todo o mundo, foi criado em 1988 pela Organização das Nações Unidas (ONU) para fornecer informações seguras a respeito das mudanças climáticas. O trabalho é produzido por três grupos. O primeiro reúne evidências científicas para verificar o que está provocando a mudança do clima: a mãozinha humana, fatores naturais, ou um misto dos dois? O segundo mostra os impactos da mudança no meio ambiente e na nossa saúde. O terceiro grupo oferece alternativas para a humanidade enfrentar o problema. Existe também uma força-tarefa que elabora inventários de emissões de gases de efeito estufa.

Com base nos dados fornecidos por essa equipe mundial de cientistas, concluiu-se que era necessário fazer algo para estabilizar a concentração de gases de efeito estufa na atmosfera, e em 1992 foi aprovado o tratado internacional Convenção-Quadro das Nações Unidas sobre Mudança do Clima (UNFCCC, em inglês). O tratado nasceu durante a Conferência das Nações Unidas sobre o Meio Ambiente, no Rio de Janeiro, conhecida também como Cúpula da Terra ou Rio 92.

Aqui, faço uma pausa para relembrar minha adolescência. Eu tinha catorze anos e cursava a oitava série, e, em plena Rio 92, o carro dos meus pais começou a soltar pelo escapamento uma fumaça branca tão forte que foi apelidado de neblina por meus colegas de escola. Era uma vergonha. Era um problema no carburador, algo muito comum naquela época. Só anos mais tarde o carburador – sistema de alimentação de automóveis mais antigos e com funcionamento totalmente mecânico – dos carros brasileiros foi sendo substituído por sistemas que combinam o catalisador do escapamento com uma injeção eletrônica mais sofisticada para regular melhor o gasto de combustível. Mesmo assim, quando a gente liga o motor de um carro a gasolina, ele solta substâncias como o monóxido de carbono (que faz a mal à nossa saúde, mas não causa efeito estufa) e o dióxido de carbono (gás causador de efeito estufa).

Dois anos depois de resolvido o problema do carro dos meus pais e da realização da Rio 92, o tratado da Convenção-Quadro das Nações Unidas entrou em vigor. Hoje, conta com a participação de 195 países signatários – também chamados Partes da Convenção – mais a União Europeia. Ela estabelece os compromissos e as obrigações desses países para combater as mudanças climáticas. Quando a Convenção do Clima entrou em vigor, passou a ocorrer anualmente a chamada Conferência das Partes (COP). Ela avalia como os países-membros da UNFCCC estão progredindo no combate às mudanças climáticas.

A primeira COP foi em Berlim, em 1995. Em 1997, a COP realizada em Kyoto tornou-se uma das mais famosas ao aprovar o Protocolo de Kyoto, que definiu metas de redução de emissões de gases de efeito estufa para países desenvolvidos e para os que apresentavam uma economia em transição para o capitalismo. Os Estados Unidos, país considerado hoje o segundo maior emissor do mundo, só perdendo para a China, não ratificaram o acordo, alegando que as metas estabelecidas atrapalhariam o desenvolvimento da nação. O Brasil validou o acordo em 2002.

Em 2015, fui convidada pela ONU para participar da primeira semana da COP-21, realizada em Paris, e pude observar a mudança de postura dos norte-americanos e dos chineses ao assinarem o acordo que entrou em vigor em novembro de 2016, substituindo o Protocolo de Kyoto. O Acordo de Paris tem como objetivo fazer com que o aquecimento do planeta fique abaixo de 2 ºC em relação aos níveis de temperatura pré-industriais. O acordo foi criticado por alguns ambientalistas, que questionaram a falta de clareza sobre quem vai pagar a conta na hora de socorrer os países mais vulneráveis às mudanças climáticas e como será feita a transição de uma economia construída com carvão e petróleo para uma economia que use energia limpa. Criticaram, ainda, a falta de metas mais concretas para a redução drástica dos gases a longo prazo. Mesmo assim, o Acordo de Paris foi considerado um marco, pois pela primeira vez todos os países que participaram da COP reconheceram que a mão humana, que tem impulsionado as mudanças climáticas, precisa agora brecar a emissão de gases de efeito estufa.

Entretanto, há cientistas que acham que a contribuição do homem para a alteração do clima do planeta não existe, que se trata de ficção científica. Eles são chamados climacéticos ou negacionistas. Para eles, as medições que apontam o aquecimento são imprecisas, alegando que a Terra já foi mais quente do que é hoje e que o Sol influencia muito mais as alterações no clima terrestre do que a concentração dos gases de efeito estufa. A turma dos negacionistas é minoria. A maioria da comunidade acadêmica e muitas personalidades, como o presidente Barack Obama e o papa Francisco, reconhecem que teremos que adotar um estilo de vida menos agressivo para viver em harmonia com o meio ambiente.

Em sua segunda encíclica, chamada *Laudato si'* (Louvado sejas), o papa diz que "o mundo do consumo exacerbado maltrata a vida em todas as suas formas". Eu escolho acreditar nos que creem que depende de nós a iniciativa para curar a febre do planeta. E você?

SAIBA MAIS

Como é um mundo de baixo carbono

Na minha ida à COP-21, na França, conheci os sociólogos Sérgio Abranches e Silvia Dias e os jornalistas Claudio Angelo e Sônia Bridi. Todos com várias passagens por Conferências Climáticas. Foram eles que me ajudaram a decifrar o que chamo de "copês", ou seja, a linguagem da COP-21, cheia de siglas, e a entender como é possível viver emitindo menos carbono.

Durante algumas viagens de trem, de cerca de meia hora, entre as estações de Saint Michel-Notre-Dame (no centro de Paris) e Le Bourget, com destino ao espaço onde foi realizada a COP-21, Silvia deu alguns exemplos de experiências sustentáveis pelo planeta.

Na Noruega, quase 15% dos veículos que circulam nas ruas são elétricos. Além de não poluírem o ar, não fazem barulho. Já pensou como seria andar por sua cidade sem ouvir o ronco dos motores? E sem o cheiro de combustível queimado no ar? Não se trata apenas de desconforto: a poluição mata 7 milhões de pessoas por ano, segundo a Organização Mundial da Saúde. O Banco Mundial fez as contas e descobriu que essas mortes custaram 225 bilhões de dólares à economia mundial em 2013.

Eliminar os gases que causam o efeito estufa faz bem para o clima, para a economia, para o bem-estar e para a saúde das pessoas – que ainda poderão lucrar com isso. Na Inglaterra, as casas que produzem energia solar ou eólica além do que consomem podem "vender" a sobra para o sistema. Nos Estados Unidos, a mesma energia solar já emprega quase 80% mais trabalhadores que a indústria de carvão. No Brasil, poderão ser quase 4 milhões de empregos até 2030, apenas nesse setor. No caso da eólica, os empregos já estão sendo criados: foram 41 mil em 2015 e devem ser 35 mil novos em 2016. Até 2020, o setor deve gerar 274 mil empregos.

(Fonte: ABEEólica - Associação Brasileira de Energia Eólica)

SAIBA MAIS AINDA

O acordo de Kigali

No dia 15 de outubro de 2016, quase 200 países assinaram em Kigali, capital de Ruanda, um acordo para eliminar aos poucos a emissão de hidrofluorcarbonos (HFCs). A substância usada em geladeiras, frigoríficos e aparelhos de ar condicionado veio substituir os clorofluorcarbonos (CFCs), utilizados em refrigeradores e aerossóis, como sprays de cabelo. Os CFCs eram tidos como responsáveis pelo buraco da camada de ozônio sobre a Antártida. Em 1987, países assinaram o chamado Protocolo de Montreal para banir os clorofluorcarbonos. Com a troca de CFCs por HFCs, desvestiu-se um santo para vestir outro já que hidrofluorcarbonos não prejudicam a camada de ozônio, mas contribuem para o aquecimento global. Eles são considerados muito mais potentes que o dióxido de carbono.

O acordo de Kigali estabelece prazos diferentes para grupos de países começarem a banir os HFCs. Estados Unidos, países europeus e Japão terão que suspender a fabricação de novos produtos com hidrofluorcarbonos a partir de 2019. A turma de países em desenvolvimento como Brasil, China e países africanos deve começar a mudança em 2024.

Índia, Paquistão, Irã, Iraque e países do golfo pérsico como o Kuwait poderão começar a transição em 2028, pois ficam em uma das regiões mais quentes do planeta e grande parte da população só agora está tendo acesso a geladeiras e aparelhos de ar condicionado.

CAPÍTULO 16

Tempo de sabedoria popular

Capítulo dedicado aos meus seguidores na Internet

Chovendo canivete.
Céu pedrento é sinal de chuva e de vento.
Chovendo dinheiro.
Chovendo na horta.
Vai cair um toró.
Está caindo um pé d 'água.
Vai cair um pau d' água.
Está caindo um cacau d'água (está chovendo muito).
O céu vai desabar.
Se o céu não chora, a terra não ri.
Chuva de molhar bobo.
Chuva de lavar a alma.
Pode tirar seu cavalinho da chuva.
Chovendo no molhado.
Está bonito para chover
(quando o céu está nublado no nordeste).
Está chovendo tanto que boi vai beber água em pé.

Em abril, chuvas mil (expressão portuguesa).
Inverno chuvoso, verão abundoso.
Que venha da chuva grossa, que da fina patrão não gosta.
Chuva não quebra osso nem costela, só molha quem anda nela.
Chuva de levante, não deixa coisa constante.
Quando a chuva começa na miguante, vai até o mês entrante.
Arco na Lua, chuva na rua.
São Sebastião no verão = São Sebastrovão.
Caraguatatuba no verão = Caraguatachuva.
Bodas molhadas, bodas abençoadas.
Chuva e Sol, casamento de espanhol.
Tempestade em copo d'água.
Depois da tempestade, vem a bonança.
Mandacarú quando flora na seca, é sinal que a chuva chega no sertão.
São Pedro está fazendo a mudança.
São Pedro abriu as torneiras do céu.
Chovendo a cântaros.
Chovendo pra cachorro.
Chovendo pra dedéu.
Quente pra chuchu.
São Pedro ligou o maçarico.
Sol de rachar mamona.
Sol de rachar catedrais.
Sol de fritar ovo no asfalto.
Sol e vento, casamento de jumento.
Sol e chuva, casamento de viúva.
Sol rachando, chuva chegando.
Santa Clara clareou, São Domingos alumiou.
Que Lua!
Sol de queimar o quengo.
Sol de rachar o coco.

O Sol nasceu para todos.

Cuiabá no calor = Cuiabrasa.

Porto Alegre no calor = Forno Alegre.

Uma andorinha não faz verão.

As quatro estações do nordeste são: verão, calor, mormaço e quentura.

Deus dá o frio conforme o cobertor.

Quem semeia vento, colhe tempestade.

Lá onde o vento faz a curva.

Manhã ruiva: ou vento, ou chuva.

Vermelho ao Sol se por, alegria do pastor. Vermelho ao Sol nascer, é preciso se precaver.

Céu de brigadeiro.

Raios me partam.

Por mil raios.

Névoa baixa, Sol que racha.

Névoa na serra, chuva na terra.

Névoa rente, Sol aparente.

Cerração na serra, chuva que berra.

Lembrou de outra expressão popular? Escreva aqui:

Agradecimentos

Profª. Dra. Rachel Ifanger Albrechet, do departamento de ciências atmosféricas do IAG - USP.

Prof. Dr. Fábio Luiz Texeira Gonçalves, do departamento de ciências atmosféricas do IAG - USP.

Prof. Mario Festa, do Departamento de ciências atmosféricas do IAG - USP.

Prof. Ricardo de Camargo, do departamento de ciências atmosféricas do IAG - USP.

Profª Dra Alice Marlene Grimm, doutora em meteorologia e professora titular do departamento de física da Universidade Federal do Paraná.

Prof. Roberto D.D. Costa, professor do departamento de astronomia do IAG-USP

Profª Dra Maria Assunção Faus da Silva Dias do departamento de ciências atmosféricas do IAG - USP.

Prof. Dr. Marcos Serzedello UNESP de São José do Rio Preto.

Prof. Ernani de Lima Nascimento, professor de Meteorologia da Universidade Federal de Santa Maria.

Profª. Márcia Akemi Yamasoe, do departamento de ciências atmosféricas do IAG-USP.

Prof. Dr. Herch Moysés Nussenzveig professor emérito do instituto de física da universidade federal do Rio de Janeiro.

Profª Dr. Cristina Rodrigues Franciscato.

Prof. Dr. José Eduardo Santos Lohner.

Prof. Reginaldo Prandi titular de Sociologia da USP.

Profª Taís Carenzi.

Professora Maria Cristina Bevilaqua (Bevis).

Dr. Gustavo Carlos Juan Escobar.

Meteorologista Gilvan Sampaio de Oliveira.

Meteorologista Marcelo Enrique Seluchi.

Meteorologista Marilei Foss.

Mestre em Meterologia Raquel Silva Lima.

Meteorologista Juliana Suleiman.

Mestre em Meteorologia Wando Amorim.

Meteorologista Naiane Araujo.

Mestre em Meteorologia Alexandre Galvão.

Meteorologista Nadja Marinho Baptista.

Meteorologista Christiane Osório Machado.

Meteorologista Hélio Camargo.

Meteorologista Marcos Massari.

Meteorologista Patrícia Madeira.

Emma Giada Matschinske-Capitão de Mar e Guerra (T), superintendente de Meteorologia e Oceanografia-Centro de Hidrografia da Marinha

Danielly Godiva Santana Molleta, supervisora do inventário nacional de emissões de gases de estufa.

Iara Cardoso, jornalista científica.

Dr. Osmar Pinto Junior coordenador do ELAT, do Depatamento de eletricidade atmosférica do INPE.

João Raimundo Coutinho.
Zilma Sales dos Santos Coutinho.
João Carlos dos Santos Coutinho.
Agostinho Paulo Moura.
Lúcia Amaral.
Genira Rosa Santos.
Gabriela Bavay.
Joana Rougier Rocha.
André Tanaka.
Silvia Dias.
Sergio Abranches.
Claudio Angelo.
Selma Bellini.
Selma Rita Severo Lins.
Chico Pinheiro.
William Bonner.
Carlos Tramontina.
Cristina Piasentini.
Denise Cunha Sobrinho.
Ali Kamel.
Alberto Villas.
Zileide Silva.
Ari Peixoto.
Kátia Krikor Mazmanian.
Ricardo Cassolari.
Silvia Lobo.
José João Name.
Cleber Antonio Matias.
Ivy Cristina Faria dos Santos.
Djalma Albuquerque.
Eunice Basílio dos Santos.
Pedro Nebesnyj.
Edmilson Gonçales Liberal.
Leda Rielli.
Ismael Rielli, da Pousada Nefelibatas.
Janete Rielli, da Pousada Nefelibatas.
Wania Correia.
David Goetghebuer.
Silvana Martins.
Priscila Pedro.
Nivaldo Costa Pedro.
Tamires Comim.
Meriana Chemin.
Danila Sampaio.
Dr. Luiz Augusto Toledo Machado.
Leda Pasta.
Pâmela Bulgarelli.
Sônia Bridi.
Tiago Parente.
Lorene Soares.
Marisa do Nascimento.
Eufrate Almeida.
Maria do Carmo de Melo Pinheiro.
Diana Paula de Souza – IBGE.
Sabrina Netto – ECAD.
Renata Pitanga.
Angela Ruiz.

Bibliografia

AHRENS, C.D. *Meteorology today: an introduction to weather, climate, and the environment.* 9ª ed. West Publishing Co., 2008.

AMERICAN METEREOLOGY SOCIETY, Glossary of Meteorology. 2ª ed. Disponível em: <http://glossary.ametsoc.org/wiki/Main_Page>. Acesso em outubro de 2016.

ANGELO, C. *A espiral da morte: como a humanidade alterou a máquina do clima.* São Paulo: Companhia das Letras, 2016.

AYOADE, J. O. *Introdução à climatologia para os trópicos.* São Paulo: Difel, 1986.

CAVALCANTI, F. A. et al. *Tempo e clima no Brasil.* São Paulo: Oficina de Textos, 2009.

CENTRO DE PREVISÃO DE TEMPO E ESTUDOS CLIMÁTICOS. Disponível em: <http://www.cptec.inpe.br>. Acesso em outubro de 2016.

EARTH OBSERVATORY. Disponível em: <http://earthobservatory.nasa.gov/Features/WorldOfChange/decadaltemp.php>. Acesso em outubro de 2016.

FISCHETTI, M. "The World's Top Lightning Hotspot Is Lake Maracaibo in Venezuela". In: *Scientific American*, maio de 2016. Disponível em: <http://www.scientificamerican.com/article/the-world-s-top-lightning-hotspot-is-lake-maracaibo-in-venezuela/>. Acesso em outubro de 2016.

INSTITUTO NACIONAL DE METEOROLOGIA (INMET). Disponível em: <http://www.inmet.gov.br/portal/>. Acesso em outubro de 2016.

INSTITUTO NACIONAL DE PESQUISAS ESPACIAIS (INPE), Grupo de Eletricidade Atmosférica. Disponível em: <http://www.inpe.br/elat>. Acesso em outubro de 2016.

KING, D., et al. *Climate change: a risk assessment.* Disponível em: <http://www.csap.cam.ac.uk/media/uploads/files/1/climate-change--a-risk-assessment-v9-spreads.pdf>. Acesso em outubro de 2016.

LESTER, P. F. *Aviation weather*. 4ª ed. Englewood: Jeppesen, 2013.

MACGORMAN, D. R.; RUST, W. D. *The electrical nature of storms.* Nova York: Oxford, 1998.

MARINGOLO, M. A.; MOURA, A. D. *Fundamentos de dinâmica aplicados à meteorologia e oceanografia.* 2ª ed. Ribeirão Preto: Holos, 2002.

MARINHA DO BRASIL. Disponível em: <https://www.marinha.mil.br>. Acesso em outubro de 2016.

MINISTÉRIO DA CIENCIA, TECNOLOGIA, INOVAÇÕES E COMUNICAÇÕES (MCTIC). *Estimativas anuais de emissões de gases de efeito estufa no Brasil.* 3ª ed. Brasília: MCTIC, 2016.

NASA. Jet Propulsion Laboratory, California Institute of Technology (sobre El Niño). Disponível em: <http://sealevel.jpl.nasa.gov/science/elninopdo/latestdata/>. Acesso em outubro de 2016.

NATIONAL HURRICANE CENTER (sobre furacões). Disponível em: <http://www.nhc.noaa.gov>.

OLIVEIRA, G. S. de et al. *Mudanças climáticas: ensinos fundamental e médio*. Brasília: MEC, SEB, MCT, AEB, 2009.

PICAZO, M. *Los grillos son um termómetro: curso practico de meteorologia*. Martinez Roca, 2004.

REVISTA PRÉ.UNIVESP, Cursos Univesp TV: Mudança Climática Global. Disponível em: <http://pre.univesp.br/univesp-tv-cursos-livres-mudanca-climatica-global-1#.WAePeevA2rU>. Acesso em outubro de 2016.

SANT'ANNA NETO, J. L. *História da climatologia no Brasil: gênese, paradigmas e a construção de uma geografia do clima*. Tese de Livre-Docência. Presidente Prudente: FCT/UNESP, 2001.

SAUCIER, W. J. *Principles of meteorological analysis*. Nova York: Dover, 1989.

SCHMIDT, R. *Você e a meteorologia*. Porto Alegre: Sagra-DC Luzzato, 1994.

U.S. DEPARTMENT OF COMMERCE, NATIONAL OCEANIC AND ATMOSPHERIC ADMINISTRATION, NATIONAL WEATHER SERVICE. *Thunderstorms, tornadoes, lightning... nature's most violent storms: a preparedness guide*. Disponível em: <http://www.lightningsafety.noaa.gov/resources/ttl6-10.pdf>. Acesso em outubro de 2016.

VAREJÃO-SILVA, M. A. *Meteorologia e climatologia*. 2ª ed. Brasília: Pax, 2001.

VASQUEZ, T. *Weather analysis and forecasting*. Garland: Weather Graphics Technologies, 2011.

WALLACE, J. M.; HOBBS, PETER V. *Atmospheric science*. 2ª ed. Burlington: Academic Press, 2006.

WICKSON, M. *Meteorology for pilots*. Shrewbury: Airlife, 1992.

WMO INTERNACIONAL CLOUD ATLAS (Altas Internacional de Nuvens da Organização Meteorológica Mundial, OMM). Disponível em: <wmo-cloudatlas.org>. Acesso em outubro de 2016.

Este livro foi composto em Adobe Garamond e Bliss Pro e impresso
pela RR Donnelley para a Editora Planeta do Brasil em outubro de 2016.